EFFETTO **MADDALENA** EFFECT

GUIDO BERTOLASO
STEFANO BOERI
REM KOOLHAAS
RENATO SORU
MICHELE BRUNELLO
DAVOR POPOVIĆ
DOMENICO LOMBARDO
BARBARA CADEDDU
ANGELO COMITI

STEFANO GRAZIANI
PAOLO ROSSELLI
ANTONIO OTTOMANELLI
IWAN BAAN
GIOVANNA SILVA
ARMIN LINKE

STEFANO BOERI ARCHITETTI

EFFETTO MADDALENA EFFECT

UNA VICENDA DI ARCHITETTURA | AN ARCHITECTURAL AFFAIR

a cura di / edited by
MICHELE BRUNELLO   FRANCISCA INSULZA

Rizzoli

editriceAbitareSegesta

A CURA DI / EDITED BY
MICHELE BRUNELLO, FRANCISCA INSULZA

PROGETTO GRAFICO / GRAPHIC DESIGN
46XY (LETIZIA ABBATE, MARCO BASTI, CHIARA CALASCIBETTA, MARIO PIAZZA)

COORDINAMENTO EDITORIALE / EDITORIAL COORDINATOR
ANTONELLA MINETTO

TRADUZIONI / TRANSLATIONS
JOHN FOOT, STEPHEN THORNE

FOTOGRAFIE / PHOTOGRAPHS
IWAN BAAN, STEFANO GRAZIANI, ARMIN LINKE,
ANTONIO OTTOMANELLI, PAOLO ROSSELLI, GIOVANNA SILVA

FOTOGRAFIE CANTIERE / CONSTRUCTION SITE PHOTOGRAPHS
STEFANO BOERI ARCHITETTI, VINCENZO VELLA

DIAGRAMMI ASSONOMETRICI / AXONOMETRIC SCHEMES
SALOTTOBUONO

CRONODIAGRAMMA E SCHEMI / CHRONO-DIAGRAM AND SCHEMES
STEFANO BOERI ARCHITETTI

FOTO DI COPERTINA / COVER PHOTO
GIOVANNA SILVA

Si ringraziano / Acknowledgements
Giacomo Cantoni e Maddalena Bregani, Francesca Cogni,
Donatello De Mattia, Marco Dessì, Fabrizio Piras, Costantina Verzi

Immagini di archivio dell'Arsenale di La Maddalena
per gentile concessione di Michele Serra /
Images from the La Maddalena Archive courtesy of Michele Serra
Riproduzione delle cartoline storiche di La Maddalena
per gentile concessione di Francesco Del Monaco /
Reproduction of historical postcards from La Maddalena
courtesy of Francesco Del Monaco
Fotografie di Stefano Graziani pagine 110 e 119
per gentile concessione della Galleria Mazzoli, Modena /
Photographs by Stefano Graziani pages 110 and 119
appear courtesy of Galleria Mazzoli, Modena

Finito di stampare / End of printing
Dicembre / December 2009
ISBN 9788896710029

Distribuito in Italia da RCS Libri Spa
Distributed in the English language by Rizzoli International Publications, Inc.

Fotolito / Color Separation **Ag media**
Stampa / Print **Errestampa**

Editrice Abitare Segesta Spa
Via Ventura 5
20134 Milano (Italy)
www.abitare.it

EX ARSENALE DI/OF LA MADDALENA

COMMISSARIO DELEGATO / DELEGATED COMMISSIONER
DOTT. GUIDO BERTOLASO - DIPARTIMENTO DELLA PROTEZIONE CIVILE / DEPARTMENT FOR CIVIL PROTECTION

SOGGETTO ATTUATORE DAL 31/10/2008 / OFFICE OF THE IMPLEMENTING ENTITY FROM 31/10/2008
GIAN MICHELE CALVI

STAZIONE APPALTANTE E COORDINAMENTO / OUTSOURCING OFFICE AND COORDINATION
UNITÀ TECNICA DI MISSIONE già **STRUTTURA DI MISSIONE / TECHNICAL MISSION UNIT** originally **MISSION UNIT**
DOTT. ING. ANGELO BALDUCCI (SOGGETTO ATTUATORE / IMPLEMENTING ENTITY),
DOTT. ING. FABIO DE SANTIS (SOGGETTO ATTUATORE / IMPLEMENTING ENTITY),
DOTT. ING. RANIERO FABRIZI (COORDINATORE STRUTTURA DI MISSIONE / COORDINATOR MISSION UNIT),
DOTT. ING. MAURO DELLA GIOVAMPAOLA (COORDINATORE UNITÀ TECNICA DI MISSIONE / COORDINATOR TECHNICAL MISSION UNIT)

lotto 4
CASA DEL MARE / HOUSE OF THE SEA
PADIGLIONE DEL MARE / SEA PAVILION
ARCATE DELL'ARSENALE / ARSENALE ARCADES
IMPRESA MANDATARIA / GENERAL CONTRACTOR
ANEMONE COSTRUZIONI
e
lotto 5
RESIDENZA DELL'ARSENALE / ARSENALE RESIDENCE
IMPRESA MANDATARIA / GENERAL CONTRACTOR
NUOVE INFRASTRUTTURE

PROGETTO ARCHITETTONICO / ARCHITECTURAL DESIGN LOTTO 4 E LOTTO 5
STEFANO BOERI ARCHITETTI STEFANO BOERI CON MICHELE BRUNELLO E DAVOR POPOVIC
BARBARA CADEDDU (RESPONSABILE PROGETTO INTERVENTI EXTRA ARSENALE / PROJECT LEADER FOR INTERVENTIONS OUTSIDE THE ARSENAL)
MARCO BREGA (DIRETTORE STUDIO STEFANO BOERI / DIRECTOR STEFANO BOERI ARCHITETTI)
VINCENZO VELLA (RESPONSABILE PROGETTO ARCHITETTONICO ESECUTIVO RESIDENZA DELL'ARSENALE / ARCHITECT RESPONSIBLE FOR THE ARSENAL RESIDENCE EXECUTIVE PROJECT)
2+1 OFFICINA ARCHITETTURA (RESPONSABILE PROGETTO ARCHITETTONICO DEFINITIVO RESIDENZA DELL'ARSENALE / ARCHITECT RESPONSIBLE FOR THE ARSENAL RESIDENCE DEFINITIVE PROJECT)
LIVERANI / MOLTENI ARCHITETS (RESPONSABILI PROGETTO ARCHITETTONICO ARCATE DELL'ARSENALE / ARCHITECT RESPONSIBLE FOR THE ARSENALE ARCADES)

PROGETTO STRUTTURALE / STRUCTURES LOTTO 4 E LOTTO 5
ITALINGEGNERIA PROF. ING. TOMMASO ALBANESI, ING. SIMONE SENESI

PROGETTO IMPIANTISTICO / MEP ENGINEERING LOTTO 4 E LOTTO 5
ENETEC S.R.L. ING. RENATO TITO

lotto 6
OFFICINE DELL'ARSENALE E RIMESSAGGIO / ARSENALE WORKSHOP AND DRY DOCKING
IMPRESA MANDATARIA / GENERAL CONTRACTOR
IMAC
PROGETTO ARCHITETTONICO / ARCHITECTURAL DESIGN LOTTO 6
S&PA - SERVIZI E PROGETTI PER L'ARCHITETTURA SRL GABRIELE NAPOLITANO
PROGETTO STRUTTURALE E IMPIANTISTICO / STRUCTURES AND MEP ENGINEERING LOTTO 6
V.MOSCO & ASSOCIATI SRL ING. MARCELLO CARELLI

COORDINAMENTO ALLA PROGETTAZIONE PER IL CANTIERE / BUILDING SITE PROJECT COORDINATION LOTTO 4, 5 E 6
DOMENICO LOMBARDO

lotto 7
ADEGUAMENTO PORTUALITÀ E RICETTIVITÀ MARITTIMA
IMPRESA MANDATARIA / GENERAL CONTRACTOR
IMPRESA PIETRO CIDIONIO SPA
PROGETTO / PROJECT LOTTO 7
VAMS INGEGNERIA SRL
SINT SRL

BONIFICHE / LAND RECLAMATION
COVECOM
SERVIZI AMBIENTALI SARDI

OPERE A VERDE / GREEN AREAS
SGARAVATTI LAND

STUDIO PAESAGGISTICO E PROGETTO DEL VERDE / LANDSCAPE RESEARCH AND DESIGN
EMANUELA BORIO & LAURA GATTI

Questo libro narra la storia di un impresa collettiva:
la trasformazione in un grande polo nautico dell'ex-Arsenale della Marina Militare italiana a La Maddalena, nel nord della Sardegna.
Una storia controversa, quella di un progetto che a poche settimane dalla sua conclusione è rimasto orfano della sua prima destinazione: divenire la sede italiana del vertice dei Paesi del G8 2009, spostato improvvisamente all'Aquila.
Ma anche una storia entusiasmante, che ha visto 1800 persone, tra tecnici e amministratori, responsabili politici, imprese, lavoratori di cantiere, progettisti, impegnarsi per 16 mesi in uno sforzo progettuale e costruttivo gigantesco per portare a termine con successo un'opera che in condizioni normali avrebbe richiesto un tempo almeno triplo.
In queste pagine, curate dal gruppo di architetti che hanno progettato la parte centrale dell'ex Arsenale di La Maddalena, troverete le voci - a volte discordanti - di alcuni dei protagonisti di questa vicenda e di alcuni osservatori qualificati, oltre che documenti e immagini che descrivono la rapidissima evoluzione di una vicenda letteralmente straordinaria.

This book tells the story of a collective endeavour: the transformation of the ex Arsenale at La Maddalena in northern Sardinia, into a large nautical pole. It is a controversial story, that of a project that only weeks away from its programmed inauguration was left orphan of its original destiny: to become the location of the Italian 2009 G8 Summit, suddenly relocated to L'Aquila. Yet it is also an exciting story, one that tells of the 1800 people among whom technicians and administrators, politicians, construction companies, workers, engineers and architects that for 16 months wholeheartedly committed themselves to the enormous design and construction challenge of successfully completing a project that in normal circumstances would have taken three times as much time. Within these pages, edited by the group of architects that designed the central part of the ex Arsenale at La Maddalena, the reader will find the voices – at times divergent – of some of the protagonists of the adventure and of qualified observers together with documents and images that describe the fast evolution of a – literally – extraordinary architectural affair.

28
MAGGIO
2008

28TH
MAY
2008

28
MAGGIO
2009

28TH
MAY
2009

LA BELLEZZA DI UN'ISOLA

di Guido Bertolaso

Questo è un libro sulla bellezza La bellezza mozzafiato di un'isola nel mezzo del Mediterraneo che la natura ha scelto per mostrare intatto il fascino del suo sorriso. La bellezza di un progetto. La bellezza del nostro mare, del gioco della terra e delle onde, della luce che cambia espressione alle cose e all'orizzonte, dei colori perennemente in gara per sedurti con le sfumature più intense. La bellezza di una storia, quella di un lembo di Sardegna così separato dall'Italia e così intrecciato alle vicende dell'intero Paese. La bellezza di una realizzazione che ne ha ridisegnato il futuro. Infine, anche la bellezza di una sfida vinta.

Il giorno dell'inaugurazione di ciò che abbiamo costruito sull'isola, nell'arco di un anno di lavoro forsennato e continuo, guardando i volti dei maddalenini presenti, l'espressione compiaciuta dei loro sguardi, il senso di festa che li animava nel loro prender possesso di un lembo di terra a lungo sottratta agli abitanti per le esigenze di riservatezza della Marina, mi sono reso conto che davvero eravamo riusciti a portare a casa la posta di una scommessa che solo una manciata di mesi prima sembrava impossibile: far cambiare rotta al viaggio nel tempo della Maddalena, approfittando del Summit del G8 del 2009, far uscire la Maddalena dalle secche di un passato glorioso ma esaurito per individuare nuove rotte di futuro ed attrezzare l'isola per affrontarle.

All'inizio del 2008 avevano lasciato l'isola, frequentata per decenni, anche gli uomini della Marina statunitense, chiudendo, dopo i fortissimi ridimensionamenti della presenza della Marina militare italiana che ha accompagnato e segnato la storia della Maddalena per quasi due secoli, l'ultima base militare importante rimasta sull'arcipelago. Azzerato il passato, reso inattuale dai grandi cambiamenti recenti degli schieramenti difensivi nell'intero Mediterraneo, non restava che pensare per La Maddalena e l'arcipelago un futuro del tutto diverso, ancorato ad ipotesi di vita che nulla avessero a dipendere dalle strategie della Difesa.

Fu merito del Governo nazionale e regionale di allora l'azzardo di una ipotesi che sembrava pazzesca: ospitare a La Maddalena il Summit dei Capi di Stato e di Governo del G8 nell'anno di presidenza italiana di questo importante organismo internazionale. È stato merito dei Governi successivi confermare questa scelta, condividendone gli obiettivi, fino all'imprevisto finale.

Era l'occasione per realizzare opere altrimenti impossibili, che potevano restare come dote all'arcipelago, una volta finito il G8, primo grande tassello di un percorso possibile per fare della Maddalena un luogo d'incontri internazionali, per aprirla ad un mercato turistico potenzialmente ricco, per dare solidità alla ripresa forte di attività economiche indispensabili alla gente dell'isola per continuare ad abitarla, a presidio pacifico di uno scrigno di bellezza unico nel Mediterraneo, rispettando la vocazione dell'isola a cercare la vita sul mare e dal mare.

Peccato soltanto che l'appuntamento col Summit del G8 fosse per il luglio 2009: tempi strettissimi, un anno appena, per costruire sull'isola strutture e infrastrutture indispensabili per accogliere un simile evento.

Mi chiesero, come Capo della Protezione Civile e dunque dell'organizzazione dei Grandi Eventi celebrati in Italia, se mi sentivo di accettare la responsabilità dell'impresa. Mi presi pochi giorni per verificare se quest'idea affascinante poteva davvero diventare realtà, poi risposi di sì, perché l'occasione era unica ed irripetibile ed ero certo che avremmo potuto vincere l'ennesima sfida contro il tempo scarso vissuta in questi ultimi anni dalla struttura di cui ho la responsabilità.

Non soffro di manie di grandezza, né mi sento come un praticante di sport estremi, che si sente bene solo quando è impegnato a realizzare l'impossibile. Sono, più semplicemente, a capo di una struttura istituzionale e pubblica chiamata, per la sua stessa natura, ad affrontare ogni giorno il problema del tempo che scarseggia, che manca, che passa troppo in fretta, lasciando solo margini risicati per governare situazioni complesse, come quelle che si verificano in ogni emergenza.

È il tempo scarso, la necessità di essere veloci ed insieme efficaci ed efficienti l'insegna che campeggia su tutte le nostre giornate. È questa pratica di anni nel cercare le vie più rapide per intervenire in contesti e situazioni molto diverse, ma ugualmente delicate e complesse, che permette alla Protezione Civile italia-

THE BEAUTY OF AN ISLAND

by Guido Bertolaso

This is a book about beauty. The extraordinary beauty of an island in the middle of the Mediterranean which has been blessed by nature. The beauty of a project. The beauty of our seas, the coast and the waves, of a light which continually changes and alters perspectives and horizons, the beauty of colours which compete with each other for the most stunning contrasts. The beauty of history, of this strip of Sardinia so separate from Italy and yet so deeply connected to the rest of the country. The beauty of an undertaking which has redesigned the future, and the beauty of a challenge which has been overcome.

On the day of the inauguration of that which we built on this island, after a year of continuous and hectic work, after observing the faces of those Maddalena residents who were there, the sense of participation in their expressions, the feeling of celebration which they were part of and that saw them retake control of a stretch of land which had been shaped for a long time by the needs of the Navy, I realised that we had managed to succeed in a meeting challenge which only a few months before had seemed impossible: to help Maddalena change course, by taking advantage of the 2009 G8 summit, and assist this island in a break with its glorious but (by now) tired past in order to lay out new directions for the future and create structures on the island able to accommodate these visions.

After decades, the US Navy finally left the island at the start of 2008. In doing so they closed down the last important military base in this archipelago, following the reduction in the presence of the Italian Navy there, something which had been part of the history of La Maddalena for nearly two centuries. After the end of this military occupation, which was no longer necessary thanks to recent changes to defence networks in the entire Mediterranean region, a different future had to be imagined for La Maddalena and the archipelago, which was disconnected from that linked to military defence strategies and requirements.

To their great credit, the National and Regional governments took a calculated risk which, at that time, seemed crazy: the idea was to utilise the La Maddalena for the Head of States and Governmental summit of the G8 in the year when it was Italy's turn to preside over this important international meeting. Successive governments backed this initial choice, and shared its objectives, right up until the unexpected twist in 2009.

This was an opportunity to carry out public works which would otherwise have been impossible, and which were to remain as permanent assets for the archipelago, once the G8 was over. This was also seen as a first step towards the re-invention of La Maddalena as a site for international meetings and events, and the opening up of the area to a potentially wealthy tourist trade, as well as providing strong bases for future economic activity so that people can continue to live on this island, and keep watch, peacefully, over this uniquely beautiful corner of the Mediterranean, with respect the traditions of the island with its concern for life on the sea and with that which comes from the sea. The only problem was that the G8 Summit was due to take place in July 2009. Time was very short. We had just a year to build structures and create those infrastructures which are essential for that kind of event.

I was asked, as Head of the Italian Civil Protection Service and therefore of the organisation responsible for Large scale events in Italy, if I was ready to direct this enterprise. I took a few days to make up mind, and to check if this extraordinary plan could really be realized. And then I agreed, because it was a exceptional opportunity and I was certain that we would succeed in winning the battle against time in the context of the other work we have done in recent years. I am not an ego-maniac, nor am I an extreme sportsman, who is only happy when he is trying to do something impossible. I am, in short, the head of an institutional and public organisation which is often called upon to struggle against time. There is never enough time, and we are often left with tiny margins of error in complex situations, as in all kinds of emergencies.

In this organisation we are always fighting against time and we are used to working quickly and efficiently. Over the years we have developed tried and tested ways of intervening in different places and situations, and in complex and difficult circumstances, and in this way Italian civil protection organisations have reacted to

na di intervenire, di agire, di esser presente velocemente e con risultati positivi, cambiando le modalità di intervento, usando i modi propri della previsione, della prevenzione, del soccorso, ma non cambiando il metodo di lavoro severamente collaudato in anni ed anni di attività. È questa sua capacità specifica ed unica, nel panorama delle Amministrazioni pubbliche del nostro Paese, che ha indotto i Governi ad affidare alla Protezione Civile la competenza sull'organizzazione dei Grandi Eventi, dove il rischio è solitamente solo quello di magre figure a livello internazionale, ma in compenso la complessità dei problemi da gestire è altissima e le scadenze sono inesorabili.
Per questa ragione, forte di un metodo di lavoro collaudato e di esperienze significative alle spalle, e di un sistema di norme che permettono alla Protezione Civile di operare tenendo conto del tempo ma rispettando pienamente le regole di una corretta amministrazione pubblica, ho detto di sì, sapendo che due sarebbero stati i passaggi fondamentali per riuscire.
Il primo, una ricognizione completa della situazione sulla quale intervenire, per avere il quadro chiaro dei problemi da affrontare ed organizzare le azioni necessarie a risolverli, senza semplificazione alcuna della loro complessità e del loro numero. Per questa fase, la squadra che abbiamo utilizzato è stata quella dei miei più diretti collaboratori, donne e uomini che da anni lavorano con me, che come me hanno imparato dall'esperienza a non tralasciare nessun aspetto, a non banalizzare nessun problema, a individuare in fretta le soluzioni adeguate e a metterle in cantiere dal minuto successivo alla decisione.
L'elenco delle cose da fare è risultato lungo da subito, perché si trattava non solo di recuperare pienamente l'Arsenale della Maddalena, trasformandolo in un "marina" nel cuore di un Centro Congressuale del tutto nuovo, di costruire strutture alberghiere insesistenti, di predisporre i luoghi per i servizi, l'accoglienza, l'attività dei media di tutto il mondo, ma anche di risistemare la logistica di attività ancora presenti sull'isola da spostare dall'area interessata dai lavori, di rimettere a nuovo le infrastrutture essenziali, come le reti idriche e dell'energia, di intervenire su diversi edifici come l'ex Ospedale per completare la gamma delle strutture essenziali indispensabili, e soprattutto di realizzare tutto ciò dopo un profondo ed attento lavoro di bonifica dell'intera area.
Per passare dall'elenco al piano di lavoro abbiamo fatto in fretta, ma prima abbiamo dovuto superare il secondo fondamentale passaggio, facendo squadra con i progettisti, le imprese, i fornitori, i responsabili di cantiere, della logistica, dei trasporti, degli approvvigionamenti. È a questo punto della storia, all'inizio del 2008, che ho incontrato l'architetto Boeri e i suoi collaboratori.
La selezione è stata facile: ci servivano progettisti italiani di eccellenza, ma con una caratteristica particolare, essere animati dallo stesso gusto per la sfida, dalla stessa passione per il nostro Paese, dalla stessa disponibilità a lavorare insieme, dalla stessa capacità di prendere impegni importanti e mantenerli a qualsiasi costo, accettando di tuffarsi in un periodo di lavoro impossibile, confondendo il giorno con la notte fino a risultato acquisito.
La qualità, l'intensità e la meraviglia della risposta la trovate nelle pagine di questo libro, che racconta come uno studio di architettura affermato si è giocato credibilità, prospettive, altre possibili committenze per trasformare l'occasione unica del G8 alla Maddalena in un risultato di pietra e cemento, di strutture compiute, di edifici che realizzano e rendono concreto un sogno di bellezza, di fascino, di accoglienza e di stupore, di compiuta ripresa del dialogo col mare che è diventato il segno distintivo della nuova Maddalena.
Come sempre nelle vicende dove la Protezione Civile ha ruolo e funzioni, lo spirito di squadra si è tradotto in un modo di lavorare che mette insieme progettisti e dirigenti con le maestranze, i tecnici, gli specialisti. Abbiamo lavorato dentro i cantieri con persone provenienti dalla Sardegna, da tutt'Italia e anche dall'estero. Fuori abbiamo fatto squadra con le Autorità della Regione, l'Amministrazione locale e la gente del posto, con i maddalenini e la gente della Gallura, interessata al progetto per le infrastrutture di supporto indispensabili a completare l'intervento lavorando sull'aeroporto, la viabilità, le reti di servizio.
Chi ha trasferito alla Maddalena la propria residenza e il proprio studio professionale, in questa avventura di sforzi congiunti, di collaborazione, di partecipazione appassionata, in quest'anno trascorso fianco a fianco, ne sono sicuro, ha raccolto un tesoro di relazioni, di rapporti, di esperienza condivisa di straordinario spessore umano e professionale, insieme alla consapevolezza accresciuta che il nostro lavoro assume il suo pieno significato e valore solo se visto con gli occhi degli altri.
Trovo conferma di questo principio nella scelta dell'architetto Boeri e dei suoi collaboratori di affidare la presentazione del loro lavoro alla Maddalena allo sguardo attento di sei diversi fotografi, liberi di interagire con le costruzioni e con l'ambiente per raccontare più le loro emozioni che il rigore tecnico degli edifici e degli spazi.
È una scelta coerente con quanto abbiamo realizzato insieme su quell'isola magica che ci ha chiesto rispetto, attenzione, intelligenza di capire l'ambiente, sensibilità per arricchire senza stravolgere, decisione per scrivere segni destinati a durare ma dentro una storia da non cancellare, e soprattutto passione per un lembo d'Italia e quanti lo abitano da esprimere in un lavoro intenso che non saremo noi, ma i maddalenini a mettere a frutto.
Ciò che l'occhio dei fotografi ha registrato, documentato in queste pagine, trova corrispondenza con quanto abbiamo raccolto dalla popolazione aprendo i cancelli del nuovo Arsenale. C'è una fortissima attesa, una voglia di futuro che sta rinascendo sulla base della consapevolezza che ciò che abbiamo costruito per il G8 ha conservato intatto il suo potenziale anche senza il Summit, trasferito all'Aquila dopo il disastroso terremoto del 6 aprile per non ferire di più quella regione con una festa incongrua celebrata altrove.

events and worked quickly, and with positive outcomes, in terms of forecasting, prevention and assistance and through the use of methods put together over many years of activity. This specific and unique expertise, in the context of the public administration of Italy, led the Government to entrust all Large Scale events to our Civil Protection organisation, where the only risk is – usually – mere international embarrassment, but where the problems which need to be resolved are extremely complex and there are many deadlines which cannot be ignored.
For this reason, I said yes to this plan, safe in the knowledge that our working methods were effective and with our long experience in the field, and with a set of rules which allow us to work efficiently and quickly while at the same time respecting the law and the rules of good public practice. I knew then that there were two main challenges ahead. The first was the need for a complete overall picture of the conditions in which we were to work, a list of the problems to be resolved and the organisation needed to resolve them, without ever underestimating their complexity or their extent. In this phase we used a group of very close colleagues, women and men who have worked with me for years, who are very experienced and attentive to detail, who never overlook or play down the issues which arise, and who are able to quickly identify solutions and to put them into practice as soon as decisions have been taken.
There was a long list of things to be done, because not only did the Arsenale (the ex-military base) of the Maddalena have to be 'restored', and then developed into a Marina at the heart of a brand new conference centre, but there was also a need for new hotels, service and reception areas and an international media centre. Moreover, activities already present on the island needed to be shifted towards the logic of the entire project, and the existing infrastructure, water and energy supplies were to be modernised. The ex-hospital and other buildings, in addition, were in need of work in order to provide a whole range of essential services, and above all a complete clean-up of the area was fundamental.
It didn't take long to move from this initial list to a real plan of work. But before this was possible we had to overcome a second important logistical problem, the setting up of teams of planners, businesses, suppliers, building site managers, logistical experts and at the same time transport links and basic needs had to be met. It was at this point in the story, at the beginning of 2008, that I met the architect Stefano Boeri and his team.
The choice was simple. We needed to select top-level Italian planners who were stimulated by this challenge, and by a passion for their country, and had a desire to work collectively. People who were able to make promises and then keep to them at all costs, and who showed a willingness to throw themselves into a difficult period of hard work, ready to dedicate all their time, both night and day to the project until it was completed. The quality, intensity and extraordinary nature of the response to these challenges can be found in this book, which shows how an important architectural studio took risks in terms of credibility, commissions and its own future in order to transform the unrepeatable opportunity presented by the G8 at La Maddalena into something concrete and complete, into buildings which made real those dreams of beauty, charm and hospitality, which provide a host of surprises and which recreate that dialogue with the sea which has become a distinctive characteristic of the new Maddalena.
Our team spirit, as ever in any plan carried out by the Department for Civil Protection, was translated into a ways of working which brought planners and managers together with workers, technicians and specialists. We worked inside building sites with people from Sardinia, from the rest of Italy and from abroad. Elsewhere we formed strong bonds with those representing the Regional Government, local administrations and residents, as well as the Maddalenians and the people of Gallura, who assisted with the infrastructural work which was needed to complete the project in terms of work on the airport, on traffic links and service networks
Those who moved to Maddalena to live or set up their offices over the last year as part of this exploit which was a period non-stop effort, team work and passionate participation have been able to construct precious networks of relationships and friendships as part of a shared experience which reached high levels of human and professional achievement. We were also convinced that our work would only be really become significant and valuable once it was viewed by others.
This principle has found confirmation in Stefano Boeri's decision to entrust the presentation of their work at La Maddalena to the attentive gaze of six different photographers, who were left free to link up the new constructions with the surrounding environment and who were thus able to narrate their emotions in ways which went beyond a merely technical approach to the buildings and spaces.
This choice is in line with that which was created on this magic island as a place which demanded respect, attention and intelligence in order to understand its environment, as well as the sensitivity which allowed us to create new things without destroying what was already there, and to be decisive in building structures which will last over time while respecting a history which cannot be annulled. All this was combined with a passionate affection for this corner of Italy and for those who live here which was expressed through this intense projectual work which will, in the end, only be fully appreciated by the Maddalenians, and not by us.
That which the photographers have recorded and documented in these pages was in line with what we saw when the locals first ventured through the gates of the new Arsenale. There are great hopes for this work, and a desire for a future is being reborn on the basis of the knowledge that what we have built for the G8 still has great potential even without the Summit, which was moved to L'Aquila after the disastrous earthquake of the 6 April, partly in order to not further damage that region with the spectacle of an incongruous party being celebrated elsewhere.
There is a view of the future, there is beauty here, there is a desire to continue this work, and there is an unsurpassable vocation to construct a tomorrow which comes from the sea, and we are al-

C'è prospettiva, c'è bellezza, c'è voglia di fare, c'è una vocazione insopprimibile a costruire il domani con chi viene dal mare, ci sono già iniziative di competizioni internazionali e grandi regate veliche che avranno luogo nello scenario fantastico della Maddalena, ci sono progetti per realizzare nel nuovo porto il più bell'approdo per barche a vela del Mediterraneo.
È dal mare che bisogna arrivare sull'isola, meglio se al timone di una barca a vela. Navigare cercando il vento per muoversi, ascoltando la sua voce in contro canto perenne con l'acqua, è una grande metafora della vita, un'esperienza unica. Da bordo di una imbarcazione che stai governando, impari ad amare il mare, a rispettarlo, a conviverci in pace, ad attrezzarti per affrontarne gli umori peggiori. Impari a capire l'importanza di una barca che sia veloce e solida allo stesso tempo, capace di cogliere il minimo refolo di vento e resistere alla tempesta. Impari che sei tu che devi imparare, accettando che il mare si esprima in totale libertà con la sua forza e il suo incanto. Ti senti erede di una storia antica come l'uomo, scruti a prua per avvistare terra mentre ti senti ospite dell'acqua e delle correnti. Ti senti addosso la voglia di arrivare e far sosta, di essere accolto dalla terra per riprendere forza e desiderio di continuare il viaggio. Cerchi assistenza, accoglienza, cibo e acqua dolce, ed anche vino e odori e sapori diversi. Cerchi bellezza e godi di ciò che vedi, dell'aria che respiri, del sole che ti scalda, del vento e dell'orizzonte, dello svelarsi della costa, dell'approdo sicuro. Cerchi gente competente che ti aiuti per ridare smalto e sicurezza alla tua barca. Sei alla ricerca dell'incontro di pace tra il mare e la terra, sei alla ricerca di incontri tra uomini che ti aiutino a vivere bene il tuo navigare. È così, forse solo così, che un'isola svela non solo la sua bellezza a chi arriva, ma la sua apertura di uomini e cose, di gente e di strutture, di accoglienza e di attenzione a chi viene dal mare.

Benvenuti a Maddalena.

ready seeing this take shape with the arrival of international events and large-scale regattas which will take place in the extraordinary scenario of La Maddalena. There are also plans to create one of the most beautiful marinas in the Mediterranean for sailing boats in the new port.

You should arrive on the island by sea, best of all at the head of a sailing boat, while sailing and searching for the wind, listening to its voice as it sings in unison with the water. This experience is a unique one, a great metaphor for life itself. When you are on a board a ship under your control, you learn to love the sea, to respect it, to live with it in peace, to be ready when it turns against you. You learn the importance of a boat which is slow and fast at the same time, able to exploit a tiny gust of wind but also resist in a storm. You learn that it is you who must learn, allowing to the sea to express itself, with all its strength and its mystery, in total freedom. At that moment you feel like an heir to a history which is as ancient as man himself, you search the horizon for land while you sense that you are a guest in the water and under the control of its currents.

You feel the need to arrive and to rest, to be accepted on land in order to gather your strength and continue your journey. You search for help, for a welcome, for food and fresh water, but you also crave wine and different smells and tastes. You look for beauty and you enjoy what you see, the air you breath and the sun which warms your back, the wind and the horizon, the slow discovery of the coast, a safe harbour. You are looking for competent people who will help you put your boat in order, give it a lick of paint and a check it over. You are looking for a peaceful meeting place between the land and the sea, between people who will assist you to live happily and to enjoy your journey. And so, and perhaps only in this way, does an island reveal itself to visitors not just in terms of its beauty, but also through the openness of its people and its things, its very structures, its sense of welcome and care for those who arrive by sea.

Welcome to Maddalena

GEOPOLITICA MINERALE

di Stefano Boeri

1. Nelle sue manifestazioni più note e diffuse, l'architettura militare è una rappresentazione funzionalista della geopolitica. Riduce all'essenziale i requisiti logistici, relazionali, simbolici che sempre caratterizzano una forma di presidio geopolitico su una porzione di territorio. È un'architettura scarna, essenziale, perfino sobria e spesso - letteralmente - atopica, come dimostrano le centinaia di caserme ottocentesche e novecentesche che, simili nell'introversione e nelle proporzioni, giacciono incastonate nei tessuti delle nostre città.
Ma vi sono dei casi, rari e stupefacenti, in cui l'architettura militare compie un vero e proprio salto ontologico, fino a trasformarsi (inconsapevolmente) in un sistema diffuso di presidi territoriali: limpidi e sensibilissimi al loro contesto.
Questo salto non ha spiegazioni storiche, ma geografiche: non avviene *ad* un certo punto, ma *in* un certo punto. Accade in presenza di luoghi e territori particolari, che aggiungono un carattere inaspettato all'ossessione tipica della geopolitica militare: quella della *visione non reciproca.*
Quando il principio insediativo del "vedere-senza essere visti", del controllo panoramico sul territorio esperito da un contenitore mimetizzato, reagisce a territori e paesaggi naturali dotati non solo di una posizione strategica, ma anche ricchi di variazioni geologiche e orografiche; quando i due dispositivi visivi della mimesi e del controllo si combinano con un paesaggio variegato e mirabile - come quello dei grandi complessi rocciosi di granito della Gallura costiera - l'architettura militare si trova di necessità a combinare la sobrietà con l'intelligenza insediativa, l'essenzialità con le tattiche di adattamento "visivo" al sito.
L'arcipelago di La Maddalena è il più straordinario "parco a tema" dell'architettura militare Mediterranea.
La variazione infinita di scavi e levigature nel granito poroso dell'arcipelago, modellati per secoli dalle raffiche di vento incanalatesi nelle Bocche di Bonifacio e dalle ondate trasportate dalle correnti marine profonde, è tale da aver quasi consumato lo spettro delle variabili formali.
Per far fronte a questo *eccesso plastico* della roccia, le architetture militari sono state costrette a inventarsi tattiche di mimetizza-

Insediamenti militari e fortificazioni dell'Arcipelago / Military settelements and fortifications on the Archipelago

MINERAL GEOPOLITICS

by Stefano Boeri

1. Military architecture, in its most well-known and common form, is a functionalist representation of geo-politics. It strips to the core all those logistical, relational and symbolic features which have always marked ways of guarding specific areas. It is a stripped down form of architecture, essential, sober and often – quite literally – atopian (without any connection with its place or location, *t.n.*), as with those dozens of 19th and 20th century barrack buildings which are still confined within the urban fabric of our cities, and are identical in terms of their proportion and their sense of detachment from their context.
But in some rare and surprising cases, military architecture makes a kind of ontological leap, and develops (perhaps unknowingly) into a system of territorial defences which is coherent and sensitive to the context in which it stands.
This leap cannot be explained through history, but rather through geography. It doesn't happen in a specific *moment*, but in a specific *place*. It occurs in the presence of particular kinds of locations and terrains, which add something in an unexpected and unconscious way to those fixations which are typical of the geo-politics of the military – to the idea of *non-reciprocal visibility*. In cases where the principle of 'seeing-without-being-seen', of visual control over a landscape through and via hidden constructions reacts to natural landscapes and territories which are not only strategic in terms of their position, but also rich in geological and orographic variations, then military architecture is able to connect its sense of intelligent restraint in terms of its location and its minimalism with forms of 'visual' adaption to the site itself. This transformation has taken place when the visual features of camouflage and control have been matched to a landscape like that of the Galluran coast in Sardinia with its rocky granite forms.
The La Maddalena archipelago is possibly the richest military architecture 'theme park' in the Mediterranean. The incredible variety of cavities and openings in its porous granite, shaped by centuries of gusts of wind formed in the Bonifacio Straits and by waves swept by deep marine currents, encompasses the whole range of possible forms which can be created in the world. And in the face of this *exaggerated sculptural quality* of the rock itself, military architects were forced to create unusual and sophisticated

zione e posizionamento visivo inusuali e sofisticate (nell'uso di materiali locali, nel selezionare le angolature prospettiche sul territorio, nel plasmare i percorsi di accesso), pur mantenendo inalterata la loro essenzialità costruttiva.
Infatti, il numero sorprendente di bunker, casematte, forti, osservatori, depositi di munizioni, torri di avvistamento, caserme, armerie, che si sono insediati negli ultimi 400 anni tra le case dell'arcipelago, lungo le coste, incastonate tra le rocce di granito, sui colmi delle isole, ha risposto all'eccesso plastico della natura con uno spettro ampissimo di soluzioni tipologiche e insediative.

2. Nel 1967, mia madre Cini Boeri ha progettato per la nostra famiglia una piccola casa di cemento a pianta quadrata lungo le coste settentrionali dell'Isola di La Maddalena.
La piccola casa, che è ancora la nostra casa, è appoggiata alle rocce (senza fondazioni), distribuita su quote diverse e chiusa da pareti oblique in continuità con un tetto piano; forse per questo, è stata subito chiamata "il bunker" dagli isolani. Del bunker aveva - ed ha - la forma, il colore e soprattutto la relazione tra interno e esterno.
Un paesaggio mobile, di continuo cangiante nei colori e nella luce (il vento scompagina e mischia incessantemente i riflessi dei raggi solari sulle rocce), viene tagliato e circoscritto dalla cornice dei serramenti di legno e delle porte-finestra scavate nel cemento armato. Ogni taglio è un film per chi sta dentro e una fessura per chi sta fuori.
Il principio di *visibilità non reciproca* che si manifesta nei quattro "monolocali con bagno" posti agli angoli del bunker, ha il suo punto di forza nel soggiorno/patio coperto della piccola casa. Il luogo dove convergono i movimenti e gli sguardi degli utilizzatori dei monolocali e dove soprattutto, grazie ad una grande porta vetrata arretrata rispetto al filo delle pareti perimetrali in cemento, si guarda fuori lo spettacolo del paesaggio senza essere visti.
Fuori, un mondo di energie naturali in continuo movimento; dentro, uno spazio limpido e razionale. Tra i due mondi, una crosta geometrica dura e protettiva (rivestita da una pelle di asfalto impermeabile di color piombo) che pur del tutto aliena rispetto alle forme organiche della penisola, promette - forse proprio grazie alla sua analogia formale con i fortini militari sparsi nell'arcipelago - una condizione di nascondimento nel paesaggio, oltre che una assoluta intimità. Una geometria limpida nel caos delle forme di pietra.
La crosta della piccola casa non servì in quegli anni a proteggere un matrimonio in crisi (l'esplosione, come ha scritto Jean Francois Chevrier "avvenne dentro il bunker stesso"), ma a diventare negli anni, per me, il riferimento più solido e convincente di un pensiero visivo sul paesaggio che non accetta facili compromessi.

3. Oggi sappiamo che a salvare nei prossimi decenni le architetture realizzate per un G8 che a La Maddalena non c'è mai stato, sarà la lungimiranza di chi fin dall'inizio le ha pensate come spazi destinati a sopravvivere all'evento.
Le intenzioni di Renato Soru e Guido Bertolaso erano del resto chiarissime. Il G8 era stato immaginato come un'occasione per accelerare la transizione da un'economia fondata per secoli sulle servitù militari ad un modello di sviluppo dell'Arcipelago basato su un nuovo tipo di turismo. Un turismo "leggero" e distribuito nel territorio, non chiuso in ènclaves, ma capace di assorbire e valorizzare le risorse del luogo - il vento, il paesaggio, il mare e naturalmente anche una professionalità artigianatale diffusa generata dalla storia di un grande Arsenale militare.
Sfruttando i suoi vantaggi logistici (situato nel cuore dell'arcipelago, protetto dai venti dominanti e dalle correnti di superficie, dotato di fondali continui e adatti a grandi imbarcazioni) l'ex Arsenale sarebbe diventato l'epicentro di questo nuovo turismo diffuso: un polo nautico polifunzionale, dedicato prevalentemente alla vela; un luogo senza eguali per dimensioni e prestazioni (per qualità dei posti barca, numero di alaggi e di stalli di riparazione, metri di banchina) nel Mediterraneo occidentale.

Cini Boeri, Casa al Mare, La Maddalena 1967 / Cini Boeri, House at the Sea. La Maddalena 1967

forms of camouflage and positioning (through the use of local material, in their choice of outlooks and viewpoints, and in adapting access points to the land) while keeping faith with their original minimalist concepts of construction.
Indeed the astonishing number of bunkers, forts, small barracks, observatories, arms dumps and watch towers, that have been created over the last 400 years amongst the houses and villas, cut into granite rocks or on the peaks of islands of the archipelago, has utilised a wide range of tectonic and sculptural building solutions in reaction to the excess of nature.

2. In 1967 my mother, Cini Boeri, built a small square-shaped house for our family, in cement, on the north coast of the island of La Maddalena. This modest house, which is still in the family, is built directly onto the rocks (without foundations) and at different heights, and is surrounded by slanting walls. The locals on the island immediately dubbed it 'the bunker'. It was true that it had – and still has - the shape and colour of a bunker, and above all it resembled a bunker in terms of its relationship between the interior and the outside world.
A flexible landscape, with continually changing colours and light (the wind incessantly blends and mixes the suns' rays on the rocks) is surrounded and bordered by wood shutter frames and by the door-windows which are cut into the cement. Every different view represents a new kind of cinematic experience when seen from the inside, but those who are looking from the outside can only see a thin dark slit.
The principle of *non-reciprocal visibility* can be seen in the four 'single rooms with bathroom' which are to be found at each corner of the bunker, and it reaches its high point in the sitting room-covered patio of the house. This is the place where the glances, views and movements of those who use the single rooms converge and where above all, thanks to a large glass door which is placed back from the line of cement walls, it is possible for those inside to look outside at the landscape without being seen from there. Outside there is a world of natural energy in continuous movement, inside; there is a clear and rational space. Between these two worlds stands a hard and protective geometric crust (covered with an asphalt and impermeable skin in a lead-like colour) which while it is totally alien with regard to the organic forms of the peninsula, promises a sense of being hidden in the landscape and absolute intimacy– perhaps thanks to a formal analogy with the military forts which can be found all over the archipelago: these clear geometric forms are laid out amidst the chaos of rock formations. The small house's coating was not enough, at that time, to protect a marriage going through a crisis (the explosion, as Jean Francois Chevrier has written, 'took place within the bunker itself) but it has become over the years, for me, the most solid and convincing reference point of a form of visual thinking about the landscape which does not accept easy compromises.

3. We now know that the salvation of the architecture created for the G8 meeting at La Maddalena which never took place, was the farsightedness of those who, right from the beginning, imagined this place as a new series of spaces destined to survive that event. The aims of Renato Soru and Guido Bertolaso were extremely clear, right from the start. The G8 was seen as an opportunity to speed up the transition of a local economy from its centuries-old focus around military servitude towards new forms of tourism. The idea was for innovative and 'light' forms of tourism, distributed across the territory and not closed inside enclaves, but able to absorb and bring value to the resources already available – the wind, the landscape, the sea and also (of course) forms of craft skills and production linked to and created by a large military base. The ex-base, with its logistical advantages (it stands in the heart of the archipelago, protected from strong winds and from surface currents, with deep sea beds able to host large sea craft) would be the epicentre of this new multi-centred tourism, a multi-functional nautical centre, mainly dedicated to sailing, a place without equal) in the western Mediterranean in terms of its size and the services

L'origine delle nostre architetture è dunque in buona parte dovuta alla preoccupazione di offrire una doppia funzionalità (*per* il G8 e *oltre* il G8) agli spazi dell'ex Arsenale.
Ci siamo allenati a immaginare i nostri edifici come *crostacei* dal guscio costante e dal mollusco variabile: un grande centro per l'accoglienza e gli incontri tra i delegati destinato a diventare uno spazio commerciale ed espositivo; l'edificio per il Summit destinato a diventare uno spazio di eccellenza per la nautica; i padiglioni per la stampa e il catering destinati a trasformarsi in laboratori artigianali e in aree di cantieristica navale.

4. Ma oltre a questo doppio futuro - quello destinato al consumarsi del Rito e quello proiettato su una successiva Normalità - l'architettura dell'ex Arsenale ha vissuto e metabolizzato nel suo farsi (cioè nel tempo rapidissimo di 10 mesi) un altro passaggio radicale e inaspettato.
L'improvviso spostamento del G8 all'Aquila ha infatti seriamente minacciato di lasciare nell'arcipelago un'architettura dichiaratamente *orfana*. Orfana di un evento generatore e tuttavia non esperito, addirittura svanito. Un evento alla cui progettazione accurata e minuziosa (la logistica del G8, le sue imprevíste variabili organizzative, il complesso governo dei flussi e degli spostamenti) era stato dedicato un impegno enorme.
Ma se questo non è accaduto, e non accadrà, è proprio grazie alla potenza visiva e all'intelligenza tettonica dell'architettura militare dell'arcipelago. Perché è ad essa, piuttosto che alla celebrazione dei fasti di un evento internazionale ormai quasi inutile, che ci siamo fin dall'inizio ispirati.
Dai presidi costieri e dalle torri di avvistamento dislocate nell'arcipelago abbiamo cercato di acquisire quei requisiti di visibilità attiva e di mimetizzazione che ci hanno aiutato a ribaltare la logica insediativa dell'ex Arsenale - luogo storico di un'architettura militare introversa e atopica - immaginandolo come il posto di una architettura capace di selezionare viste sul paesaggio e di essere al contempo trasparente, visibile, permeabile allo sguardo di tutti.
Se le principali architetture dell'ex Arsenale hanno ognuna un motivo tettonico diverso, è dunque perché ciascuna di esse declina singolarmente, in rapporto con il territorio dell'arcipelago, alcuni dispositivi visivi della Geopolitica incarnatasi nei secoli tra le rocce dell'Arcipelago.
La Casa del Mare nasce dall'urgenza di imporre ai grandi del Mondo uno sguardo orientato verso le isole dell'Arcipelago. Uno sguardo sulla polifonia e il relativismo, che però a sua volta si espone allo sguardo di tutti, appena filtrato da una trama di vetro che assorbe le variazioni cromatiche del mare e del cielo e dunque mimetizza - senza nasconderla - la scatola sospesa dedicata al Rito.
Il grande Padiglione ex deposito carbone nasce dall'idea di un unico grande tetto destinato a proteggere - come accade in un Bazaar - l'intreccio imprevedibile di sguardi e prospettive tra i delegati dei Paesi del Summit. Ma allo stesso tempo impone loro due grandi corridoi panoramici condivisi - paralleli e perpendicolari a quello fissato nella Sala della casa del Mare - quasi a ribadire il primato della geografia di lunga durata, della storia verticale, sulla politica evenemenziale.
Se dunque l'ex Arsenale avrà un futuro, se non resterà orfano di un evento svanito, sarà anche grazie all'antidoto di una Geopolitica che da secoli dispiega le sue logiche nei territori dell'Arcipelago e delle Bocche di Bonifacio. In una lenta e lunghissima vicenda di sovrapposizioni e incastri tra le rocce e le architetture.

Viste della Casa del Mare, Ex Arsenale La Maddalena / Views of the House of the Sea

on offer (the quality of the berths, the number of towages and sites for repairs, the length of the quayside). Our architectural project thus had its origins in the desire to create a dual functionality in this place (*for* the G8, *after* the G8) within the spaces left by the ex military base. We tried to imagine these buildings like crustaceans with unvarying shells but changeable insides – the centre for welcoming people and for a meeting between delegates was destined to become a commercial and exhibition space, the summit building would develop into a place for hosting nautical sports events, the press pavilion and the catering area were to become artisan laboratories and naval repair and construction areas and shipyards.

4. But beyond this double future – that which was destined to expend itself in official rites and rituals and the other focused on the normality which would follow- the architectural project in the ex base lived through another radical and unexpected development while it was being created (in the very short period of 10 months). The unforeseen non-arrival of the G8 threatened to leave the archipelago with an architecture which might have been seen as like that of an *orphan*, an orphan of an event which did not happen, an event whose detailed and complicated preparation (the logistics of the G8, its unforeseen organisational problems, the need to manage large-scale movements and flows of people) had led to an enormous effort by everyone concerned.
We have the visual potential and the tectonic intelligence of the military architecture in the archipelago to thank if a sense of loss did not occur, and will not take place in the future. We were inspired by that architecture right from the beginning, and not by the need to celebrate and pay homage to the glories of an international event which is, in reality, almost defunct. We borrowed a sense of active visibility and of camouflage from the coastal protection buildings and watch towers in the archipelago and in this way we were able to reverse the constructive logic of the ex military base – a site historically built around inward-looking and atopical architecture – and imagine it as a place of architecture which could have its own choice of views and landscapes and be at the same time transparent, visible and permeable to the gazes of others.
If the architectural forms of the ex base have a different tectonic outlook, this is because each one has a singular relationship both with the landscape of the archipelago, and with those visual forms of geo-politics which have been fixed amongst the rocks of those islands over the centuries.
The House on the Sea was born from the need to force the world's leaders to look towards the islands of the archipelago. This gaze was linked to a sense of polyphony and relativism, and also would have exposed them to a state of being seen, through the filter of a sliver of glass with captures the chromatic variations from the sea and the sky and reinvents – without hiding it – the floating box dedicated to the Great Ritual.
The big pavilion in the ex coal warehouse had its origins in the idea of a single large roof aimed at protecting the unpredictable coming together of glances and views amongst the delegates of the countries at the summit, as in a bazaar. But it also created two long shared panoramic corridors, parallel and perpendicular to those in the main room of the House on the Sea, as if to underline the primacy of geography in the long run, of vertical history over obsolete events linked to politics. If the ex military base is to have a future, if it is not to remain an orphan of an event which never happened, it will be also thanks to the antidote of those Geopolitical forms which, for centuries, have been created in the archipelago and the Bonifacio Straits, in a slow and long drawn out history of rocks and architecture.

UNA STORIA TRA LE DUE ISOLE

Liberamente tratta da Charles Dickens

di Rem Koolhaas

L'architetto del sorprendente intervento per il G8 a La Maddalena probabilmente non si aspettava che la prima cerimonia pubblica nell'insediamento completato sarebbe stata usata dal suo cliente come una tribuna per dichiarare al mondo che - in tutta la sua vita - non aveva mai pagato una donna per fare sesso.
In effetti, la pur breve storia di questo progetto – in tutto 20.690 m2 di strutture per conferenze, stampa e ospitalità, costruite nello splendido porto abbandonato dalla Marina Militare Italiana e consegnate a soli 10 mesi dall'inizio dei cantieri - ha visto una corsa testa a testa tra la determinazione dell'architetto nel voler creare un'architettura sobria e contemporanea per la politica e le farsesche manipolazioni della committenza; giunte fino al punto di spostare all'ultimo momento il G8 nell'area di una città, l'Aquila, ancora scossa dal terremoto, dove sarebbe stato però possibile offrire al summit scenari fotografici migliori e più toccanti.
A ben pensarci, insieme con la nuova Acropoli governativa realizzata a Berlino, l'insediamento per il G8 abortito a La Maddalena rappresenta uno dei pochissimi casi, nell'ultimo decennio, di spazi costruiti esplicitamente per la politica.
La politica è, del resto, un'arena insidiosa per l'architettura contemporanea: un campo di applicazione che è stato dapprima screditato dalle pericolose seduzioni dell'architettura Stalinista e da quella Fascista/Mussoliniana e poi quasi cancellato da un quarto di secolo di architettura dettata solo dal libero mercato.
Con tutta probabilità, gli ultimi periodi fiorenti per un'architettura dedicata esplicitamente alla politica risalgono alla Brasilia degli anni 50, o all'esplosione dei nuovi Parlamenti in Africa, durante la stagione post-indipendentista. L'architettura realizzata a Berlino durante gli anni 90 mostra infatti con imbarazzo la fatica di aver creato uno spazio rinunciatario e palesemente non carismatico, che ci offre solamente la rassicurazione di quanto la democrazia possa essere in fin dei conti noiosa.
Anche Boeri ha dovuto lavorare in un Paese – l'Italia - dove l'efficacia visiva e la bellezza vertiginosa delle architetture costruite nei tardi anni 30 dalla "parte sbagliata" della politica, ci ricordano quotidianamente l'ambigua moralità dell'Architettura.
Per il G8, Boeri ha dovuto creare alla velocità della luce il palcoscenico per una conferenza concepita da un governatore, Renato Soru, e da un primo ministro, Romano Prodi, entrambi di centro/sinistra, ma poi utilizzato da una figura complessa come quella di Berlusconi; al punto che il completamento dei lavori è coinciso con la crisi matrimoniale del Primo Ministro e con gli scandali rosa ambientati a Villa Certosa, il feudo privato di Berlusconi in Sardegna che dista meno di 20 Km dal sito del progetto di Boeri a La Maddalena.
Non a caso questo è il Racconto di Due Isole - e forse di Due Italie.
Se infatti Villa Certosa, la tenuta di Berlusconi in Sardegna, è un collage vorace ed edonista – esito di un'aggressiva campagna di snaturalizzazione – l'intervento di Boeri a La Maddalena è invece una riaffermazione rigorosa di ordine e disciplina; un "villaggio Potemkin" di pietra, un universo alternativo di sobrietà globale che interpreta intelligentemente la tradizione navale e le caratteristiche naturali del sito, la più notevole delle quali è una sbalorditiva prospettiva sul mare che l'architettura di Boeri sfrutta in tutto il suo splendore.
Amalgamando nuove architetture con spazi e muri pre-esistenti, il progetto di Boeri utilizza il rigore militare degli antichi edifici dell'Arsenale per sostenere la vacillante democrazia del tempo presente. Il progetto comprende un albergo - con la suite destinata a Obama che offre inquietanti reminescenze dell'ultimo balcone di Martin Luther King – spazi per la ristorazione, un centro per le riunioni dei Delegati chirurgicamente inserito tra le arcate pre-esistenti e infine un centro congressi: un diamante appoggiato a terra che sostiene una grande struttura a sbalzo che si protende nell' acqua in direzione della Sardegna.
Poiché allo stesso tempo è nel mare e del mare, la scatola sospesa di Boeri è pervasa da una luce quasi materiale e tangibile, che avrebbe nello stesso tempo illuminato e scannerizzato l'assemblea dei leader del G8.

A TALE
OF TWO ISLANDS

Free after Charles Dickens

by Rem Koolhaas

It was probably not expected by the architect of La Maddalena's impressive G8 complex that the first public ceremony held at his completed project would be used by his client as a tribune from which to declare to the world that he had never paid for sex in his entire life.

Yet its brief history - 20,690 m^2 of conference, press, and hospitality facilities arranged on a superb harbor abandoned by the Italian navy, delivered 10 months from the beginning of construction - had been a neck-and-neck race between the architect's determination to create a dignified contemporary environment for the political process and his client's farcical manipulations to shift the G8, at the last moment, to the still earthquake-rocked l'Aquila for the sake of better, more pathetic photo opportunities.

Along with the new government acropolis in Berlin, the aborted G8 complex in La Maddalena is a rare instance of an explicit, constructed political space realized in the last decade. Politics is a fraught arena for contemporary architecture - a subject first discredited by the dangerous seductions of Stalinist, Fascist and Mussolini architectures, then almost erased by a quarter century of market architecture. Perhaps its last flourishing had been Brasília in the 1950s, and an explosion of post-independence parliaments in Africa, but the 1990s architecture of Berlin shows the awkwardness of resuming the practice in an inhibited, emphatically uncharismatic zone offering only the reassurance that democracy is truly boring.

Boeri too had to work in a country - Italy - where the visual competence and sheer beauty of the 'wrong' side in the late 1930s is a daily reminder of architecture's ambiguous moralities. For the G8 he had to create, with lightning speed, the setting for a conference conceived by a governor, Renato Soru and a Prime Minister, Romano Prodi, both of the center left coalition, yet consummated by the complex figure of Berlusconi: the completion of the project coincided with the fall-out of the Prime Minister's divorce and the topless scandals orchestrated at Villa Certosa, Berlusconi's private fiefdom on Sardinia, less than 20km away from Boeri's site on La Maddalena.

In fact, this is the Tale of Two Islands, and perhaps of Two Italies.

Where Berlusconi's estate on Sardinia, Villa Certosa, is a rapacious hedonistic collage – an aggressive campaign of denaturing – Boeri's project at La Maddelena is a rigorous reassertion of order and discipline, a built Potemkin village, an alternative universe of global decency, which cleverly extrapolates both the naval history and the natural features of the La Maddalena site, most notably a stunning maritime perspective which Boeri's architecture revels in all its splendor.

An amalgamation of new architecture and existing halls and walls, Boeri's project adopts former military rigor to support the vacillating democracy of the present. It consists of a motel - its intended "Obama" suite eerily reminiscent of Martin Luther King's last balcony - dining halls, an area for delegates surgically inserted between existing walls and finally the conference centre, a diamond on the ground that supports a great cantilever that thrusts across the water in the direction of Sardinia. Because it is almost in and of the sea, Boeri's suspended box is suffused with an almost material, tangible light, which would have both enhanced and scrutinized the assembled G8 (in fact, G +/-20) leaders.

The main pavilion is the smallest volume, dedicated to the G8 meeting only, a huge conference room suspended over the Mediterranean. It can be reached by an elegant staircase adorned with a fitting photographic portrait of the world in its green beauty, an ambiguous reminder to the leaders of the accumulated abuse that they have unleashed on her more than an optimistic anticipation that they will solve its problems. Boeri's single most rhetorical device is a glass elevator of extreme proportions of 8m by 1.3m that would have en-

L'edificio principale del complesso, dedicato al summit del G8, è in realtà il più piccolo dell'insediamento e ospita una grande sala conferenze sospesa sul Mediterraneo. La si raggiunge salendo un'elegante scala arricchita da un immagine fotografica del mondo che, in tutta la sua verde bellezza, sembra più un ambiguo promemoria per ricordare ai leaders il cumulo di abusi che hanno riversato sulla terra, piuttosto che un'ottimistica affermazione circa le loro possibilità di risolverne i problemi.

L'unico dispositivo realmente retorico di Boeri è un gigantesco ascensore di vetro che avrebbe permesso ai leader di salire tutti insieme dal livello dell'acqua alla sala destinata al summit.

Lavorando a velocità infernali e con il controllo limitato sul cantiere consentito da un progetto "chiavi in mano", il G8 di Boeri è importante tanto per ciò che ottiene – uno spazio sobrio e luminoso, privo di nostalgie - quanto per ciò che evita – cioè di celebrare gli orpelli del potere in un'era che nel potere è incapace di credere-.

Realizzato con un lessico molto efficace di alluminio, marmo, e vetro nero, avvolto in uno schermo di esagoni di vetro , rappresenta il ritorno, sorprendentemente fresco, della modernità italiana.

La breve, ma drammatica storia di questo progetto – realizzato in 10 mesi e poi abbandonato in favore della discutibile attrattiva di una zona dichiarata disastrata - può essere capita solo se intesa come una fiaba dei nostri tempi. Una fiaba sulla decadenza del fascino dell'architettura in un periodo in cui, come sfondo per le nostre "soap opera" politiche, si preferiscono usare macerie e rovine, piuttosto che l'autentica e intelligente brillantezza del nuovo. Probabilmente nessuno saprà mai perché il G8 a La Maddalena è stato cancellato, ma forse le limpide ambizioni di Boeri erano troppo impegnative per un cliente che alla fine è stato sufficientemente onesto da capire che di quell'architettura non meritava la trasparenza e che forse nemmeno sarebbe stato in grado di animarla e abitarla.

L'architettura di Boeri è priva di equivoci – non fa niente che non sia necessario. Nata probabilmente dalla combinazione di ragioni pragmatiche – non c'era tempo – e ideologiche – non c'era bisogno – è moderna, efficiente e pervasa di associazioni elusive che risuonano con forza perché non viene mai permesso loro di emergere. Nonostante la sua eccentrica inaugurazione, merita di essere considerata molto seriamente. Perché la sua prematura "fine" potrebbe diventare un nuovo inizio.

Pubblicato su Il Corriere della Sera, 7 ottobre 2009, pag. 38

abled the leaders collectively to ascend from the water level directly to their meeting room.

Working at infernal speed and within the limited control of a turn-key project, Boeri's G8 is as important for what it achieves – a nostalgia-free space of decency and lightness - as for what it avoids – the trappings of power in an age that is unable to believe in it. Realized in a highly effective vocabulary of aluminum, marble, and black glass wrapped in a screen of glass hexagons, it also represents a surprisingly fresh comeback of Italian modernity.

The brief but dramatic history of the project - realized in 10 months, abandoned for the dubious attractions of a declared disaster zone - can only be understood as a fable of the current moment and of architecture's diminished appeal, where the true and intelligent sparkle of the new is less compelling than crumbled ruins as background for our political soaps. Although nobody will probably ever know why the G8 in La Maddalena was really cancelled, Boeri's lucid ambitions may have been too demanding for a client who ultimately may have been honest enough to realize he did not deserve its clarity and would have been incapable of animating it.

Boeri's is a disabused architecture – it does nothing which is not necessary. Probably out of a mixture of pragmatic – there was no time - and ideological – there was no need – reasons, it is modern, efficient, imbued with elusive associations that resonate strongly because they are never allowed to come to the surface. In spite of its eccentric launch, it deserves to be taken very seriously. Its premature "end" could be a new beginning.

Published in Il Corriere della Sera, October 7th, 2009, p. 38

PER UNA NAUTICA DI PACE

di Renato Soru

Per raccontare la genesi di questo *progetto*, bisogna partire da quello che La Maddalena ha rappresentato fino al 2007.
L'Arcipelago è sempre stato un luogo emblematico, oltre che per la sua bellezza, per la presenza di una base militare americana che ospitava sommergibili a propulsione nucleare.
Una base istituita attraverso un processo decisionale secretato e mai riferito in Parlamento dal governo Andreotti, sorta all'improvviso negli anni Settanta sulla costa orientale dell'isola di Santo Stefano. Eravamo ancora nel periodo della guerra fredda e il Mediterraneo costituiva un teatro importante della geopolitica mondiale; la presenza militare nell'Isola rientrava dunque in una strategia generale di controllo territoriale che aveva in La Maddalena uno dei baluardi. Un'isola che era storicamente un ingranaggio dell'industria della difesa nazionale, grazie alle attività dell'Arsenale della Marina Militare.
Dopo la caduta del muro di Berlino, la geografia degli equilibri internazionali andava necessariamente ridisegnata.
Dal momento in cui ho assunto una responsabilità politica in Sardegna, ho sollevato la questione delle servitù militari, che in questa regione configurano una presenza fortissima, sia in termini di occupazione del territorio che per il freno evidente che interpongono ad altre forme di sviluppo economico locale.
Ecco perché, nel momento in cui la Marina Militare italiana ha iniziato a ridimensionare il suo ruolo nell'isola, abbandonando progressivamente le attività nell'Arsenale, abbiamo cominciato ad intravedere la possibilità concreta di costruire un'alternativa per l'economia dell'Arcipelago.
Ma l'occasione storica è arrivata nel 2007. Con la chiusura della base americana di supporto ai sommergibili, sono infatti di colpo crollate le rigide geometrie imposte dalla ragion di Stato. E finalmente abbiamo capito che si poteva aiutare La Maddalena a voltare pagina.
Una comunità di cittadini - circa 12000 durante l'inverno - che per generazioni avevano vissuto come militari o come civili al servizio dell'industria militare, doveva e poteva finalmente ripensare un nuovo modello di vita. Ma occorreva che la fase di transizione fosse il più breve possibile, per minimizzare il peso della disoccupazione e delle dismissioni, ed era importantissimo che la riconversione avesse successo per dimostrare che dopo decenni di servitù militari *si può vivere in tempo di pace e con un'economia di pace.*
La Maddalena doveva infatti diventare un esempio - anche per altri territori della Sardegna- della transizione da un'economia militare ad un nuovo modello di sviluppo; un modello per chi ancora teme di perdere la seppur modesta sicurezza finanziaria legata alle basi militari: quella, piccola e miserevole, *economia delle pizzerie attorno alle caserme.*
Sentivamo una grande responsabilità perché in apparenza questa transizione poteva sembrare facile. L'arcipelago è infatti una meraviglia del creato, un paradiso naturale, un luogo ricco di grandi valori ambientali, di risorse su cui investire (un porto, l'Arsenale, le strutture attorno, edifici storici che potevano essere riutilizzati per l'ospitalità, la cultura ecc.). Se insomma, pur con questi presupposti, la riconversione fosse fallita, non sarebbe potuta riuscire in nessuna altra parte della nostra isola.
Il nostro progetto per La Maddalena, si basava sulla proposta di un'attività turistica legata al valore dell'arcipelago, alla natura, alla storia e alla cultura specifica del luogo.
Il modello di sviluppo a cui pensavamo era diverso da quello della vicina Costa Smeralda, basato sul clamore estivo del Billionare e non sempre rispettoso della natura.
Il turismo a La Maddalena aveva la possibilità di svilupparsi in un luogo *vero*, confrontandosi con una natura potente, una storia, una cultura, una comunità insediata e viva 12 mesi all'anno.
Ma questa idea di turismo non voleva sostituirsi tout court alla monocultura militare. La Maddalena è stata una città industriale al servizio della Difesa, e quell'industria e quei saperi andavano recuperati: la nautica, la tecnica dei falegnami, dei tornitori, dei motoristi, degli elettricisti, degli idraulici, che lavoravano nell'Arsenale militare, questo patrimonio di competenze diffuso che si stava perdendo rapidamente, andava recuperato e valorizzato.
Bisognava riconvertire l'Arsenale indirizzando il progetto ad

TOWARDS A NAUTICS OF PEACE

by Renato Soru

To describe the genesis of this project it is necessary to begin from that which La Maddalena represented until 2007.
The archipelago has always been an emblematic place not only because of its beauty but also due to the presence of an American military base that kept nuclear-propelled submarines.
It was furthermore a base created through secretly adopted decisions, never passed through Parliament, during the Andreotti government, that suddenly appeared on the eastern coast of the island of Santo Stefano. We were in the middle of the Cold War and the Mediterranean constituted a theatre of central importance for world geopolitics; the military presence on the island was in this sense part of a general strategy for territorial control in which La Maddalena was understood as a bulwark. It was an island that, due to the activities of the Arsenale had become an important cog within the national defence industry.
After the fall of the Berlin Wall the geography of international equilibriums naturally had to be redesigned.
From the moment in which I assumed political responsibilities in Sardinia, I brought up the issue of the military right-of-way that, in the Region, still boasts an enormous presence both in terms of their territorial occupation and of the evident brakes they put on alternative forms of local economic development. It is for this reason that when the Italian Navy began, at the start of the 90's to re-dimension its role on the island, progressively abandoning its activities within the Arsenale, we started to foresee a concrete possibility for the creation of an alternative economy for the Archipelago.
The historical occasion arrived in 2007. With the closing of the American base in Santo Stefano the rigid geometry imposed for State reasons rapidly broke down. And we finally understood that it was possible to help La Maddalena turn the page.
A community of inhabitants – 12.000 during the winter months – that for generations had lived either as part of the military or as civilians at the service of the military, finally had the chance, and the obligation, to rethink a new way of life. We also understood that the transitional phase needed to be as brief as possible so as to minimize the weight of unemployment and lay-offs and that it was primordial that the reconversion was successful so as to demonstrate that after decades of military presence it was *possible to live in peace and with an economy of peace*.
La Maddalena should have in fact become an example – for other parts of Sardinia – of how to create a transition from a military economy to a new model of economic development; an example for those who are still afraid of losing the financial security, as modest as it may be, that is related to the military bases: the small and miserable economy of the pizza houses surrounding the barracks.
We felt an enormous responsibility because in appearance this transition could have seemed too easy. The archipelago is by all means a natural wonder, a paradise, a place rich in environmental value, of existing resources in which to invest (the port, the Arsenale, the surrounding structures, historical buildings to be restored, culture etc.). If the conversion failed, albeit starting from these values, then the possibility of this transition would not be possible in any part of our island.
Our project for La Maddalena was thus based on the proposition of creating touristic activity linked to the archipelago's values, to its nature, to its history and specific local culture. The model of development we had in mind was radically different from the one to be found near the Costa Smeralda (Emerald Coast), an economy that is based on the summer boom of the Billionaire (famous night club, *nt*) and is not always respectful of the environment.
Tourism at La Maddalena had the opportunity of development within a *real* place, in confrontation with powerful nature, with history, culture and with a community that was there the 12 months of the year. Yet this idea of tourism was not intended as a complete substitute for the military monoculture present until that moment. In the past La Maddalena had been an industrial town at the service of the National Defence and that industry and that expertise had be recovered: the sailing culture and know-how of woodworkers, lathe turners, mechanics, elec-

una *nautica di pace*, capace di alimentare l'economia locale.
In questo nuovo Arsenale, si sarebbero potute mettere in campo professionalità, fornire servizi, produrre e assicurare lavoro tutto l'anno e, di conseguenza, procurare benessere ai cittadini che abitano l'Arcipelago.
Questo era il nostro progetto per La Maddalena, ben prima degli eventi legati al summit dei G8.
La opportunità di ospitare il G8 in Italia, è stata una seconda grande occasione per accelerare questo processo di transizione da un'economia di guerra ad un'economia di pace.
Il Governo Prodi aveva la responsabilità di avviare l'operazione e di decidere dove ospitare il vertice. Si pensava già, per motivi di sicurezza, di localizzarlo in un'isola (La Maddalena è stata scelta "anche" perché era un'isola e non "nonostante" fosse un'isola – come è stato detto).
Ricordo che espressi a Enrico Letta, all'epoca Sottosegretario alla Presidenza del Consiglio, la prospettiva di organizzare il Vertice in Sardegna, e che poi ne parlai anche a Romano Prodi, allora Primo Ministro, che aveva in mente un'altra isola (Ischia o Capri). Ricordo anche che gli spiegai che fare il G8 a Capri non avrebbe dato nulla di più a quanto quest'isola oggi già possiede in termini di infrastrutture e risorse turistiche e che invece era più importante usare l'occasione del G8 per creare *un'altra Capri, un'altra isola italiana da far conoscere in tutto il mondo per la bellezza e per l'accoglienza*.
Le perplessità iniziali, quelle più forti, derivavano dal fatto che mentre l'arcipelago campano era dotato di alberghi e servizi, a La Maddalena le infrastrutture turistiche e ricettive erano per gran parte da progettare e costruire. Tuttavia si partiva da grandi potenzialità e alla fine questa sfida entusiasmò il Governo, che si decise a portarla avanti, consapevole delle ripercussioni positive che avrebbe potuto avere per lo sviluppo economico e sociale della Regione.
Il progetto all'Arsenale nasceva dunque come un progetto del Governo per il G8, con un percorso istituzionalmente equilibrato: la Regione sarda ne aveva la responsabilità e avrebbe dovuto sostenerlo, affiancata dalla Struttura di Missione, il braccio operativo e tecnico della Protezione Civile per gestire gli appalti e le costruzioni e successivamente per coordinare l'organizzazione dell'evento.
Dopo il cambiamento di Governo, nel maggio del 2008, abbiamo invece assistito ad un continuo tentativo di azzerare il ruolo della Sardegna, che ha avuto come conseguenza più evidente il fatto che il G8 sia stato fatto altrove.
Il G8 non si è fatto a Maddalena, e questo a me dispiace. Ma anche l'epilogo che stiamo vivendo in questi giorni non mi piace.
Se é vero che il progetto urbanistico e architettonico in generale è rispettoso della visione originaria, ci sono altre cose che avremmo voluto fare e non sono state fatte. Mi riferisco ad una maggiore attenzione alla sostenibilità ambientale, alla produzione di energia rinnovabile e al trattamento delle acque, alla rinaturalizzazione di aree che ancora risultano sono sottoutilizzate.
Ma la cosa che mi amareggia di più é che il progetto di gestione previsto per le aree del nuovo Arsenale non mi sembra pienamente in linea con quello che avevamo immaginato come un'occasione per sperimentare un modello di turismo diverso.
Mi sembra che si stia andando incontro alla riproposizione del solito schema di colonizzazione turistica per recinti aperti per pochi mesi all'anno che caratterizza la Sardegna del nord. Speravo anche che, dal momento in cui è venuta meno l'urgenza del G8, si prestasse maggiore attenzione nella definizione dei percorsi di gara per l'affidamento della gestione delle nuove strutture.
Ho in mente l'esempio del turismo alpino. Sembra strano, o forse non ce ne ricordiamo, ma non troppi decenni fa anche le zone di montagna, oggi ricche e sviluppate, erano delle *enclave* di povertà e di emarginazione.
L'industria turistica alpina non è nata su iniziative di abitanti del luogo, ma su iniziative esterne. È il caso del turismo Valtellinese, per esempio.
Qualcun altro ha costruito gli impianti di risalita e i valtellinesi ne hanno approfittato e hanno cominciato a creare piccole attività di supporto. Gradualmente sono cresciuti, si sono ricomprati gli impianti, hanno iniziato a sviluppare le proprie attività autonomamente e ora sono gli attori principali del turismo della loro regione.
Allo stesso modo, la gestione delle nuove strutture alla Maddalena avrebbe potuto essere l'occasione per il turismo locale, di rinascere finalmente per mano di operatori che, nei quarant'anni di esperienza della Costa Smeralda, sono diventati maturi per partecipare alla costruzione del futuro della Sardegna.
La Sardegna è stata negli anni e mesi scorsi protagonista di un progetto di cambiamento epocale - da un'economia militare ad un'economia civile - e di un progetto di grande riconversione industriale - da un'industria militare ad un'industria civile di pace.
Ora la Regione, a La Maddalena, è stata svuotata di ogni responsabilità, pur avendo pagato buona parte dei lavori per la riqualificazione delle aree dell'ex Arsenale. Il paradosso è che la Regione è la proprietaria delle aree rinnovate, ma queste aree non le sono ancora state restituite.
Tuttavia, nonostante la delusione per l'assenza di un ruolo politico della Amministrazione Regionale nella gestione di questo intervento, penso che quello che è stato fatto possa costituire comunque la base per un futuro migliore e che il rilancio di La Maddalena sia solo rimandato.
Lo sviluppo completo del progetto - sociale, economico, culturale – è dunque solo in attesa di un clima politico migliore.

tricians, plumbers that had worked within the military arsenal; it was this heritage of diffused local knowledge that was being rapidly lost and should be recovered and valued. It was necessary to reconvert the Arsenale by aiming the project towards a nautics of peace capable of feeding the local economy.
In the new Arsenale it would be possible to bring together skills, offer services, produce and assure year long work and, in consequence, offer well being to the citizens of La Maddalena long before the events linked to the G8 Summit.
The opportunity of hosting the G8 in Italy was a second important occasion that was to help speed up the transition from an economy of war to an economy of peace.
The Prodi government had the responsibility of starting the operation and of deciding where to host the Summit. It had already been decided that, for security reasons, the Summit should be held on an island (La Maddalena was chosen because it was an island, not as has been said, in spite of being an island).
I remember that I talked to Enrico Letta, then undersecretary of the Prime Minister, about the prospect of organizing the Summit in Sardinia; and I also talked to Romano Prodi, the Prime Minister, who at that moment had another island in mind (Ischia or Capri). I also remember explaining that hosting the G8 in Capri would not have given anything new to an island that already possessed the necessary infrastructure and touristic resources and that it was important instead to use the occasion of the G8 to create another Capri, another Italian island to be hailed world wide due to its beauty and hospitality.
The initial doubts, the strongest ones, came from the fact that while the Campanian archipelago was already equipped with hotels and services, at La Maddalena the tourist infrastructure and facilities still had to be designed and built. Nevertheless the starting point was of enormous potential and, in the end, the challenge aroused enthusiasm within the Government that decided to go ahead conscious of the positive impact that the event could have for the Region's economical and social development.
Thus the project for the Arsenale was born as a government project for the G8, yet laid out within a balanced course: the Region of Sardinia would maintain overall responsibility and sustain the project flanked by the Mission Unit, the operational arm of the Department of Civil Protection, that would be in charge of managing the tenders and construction and, at a later date, for coordinating the event.
After the change of government, in May of 2008, we assisted instead to a constant effort aimed at diminishing the role of the Region, attempt that had as its most evident consequence the fact that the G8 Summit was in the end moved elsewhere.
The G8 did not take place at La Maddalena and this vexes me. And the epilogue that is taking place in these days irritates me too. Even if it is true that the urban and architecture project are in general respectful of the original vision there are other things we would liked to have done and they were not done. I'm refering to a greater attention to environmental sustainability, to the incorporation of renewable energy sources, to water treatment, to the re-naturalisation of areas not adequately enhanced. But the thing that upsets me the most is that the management foreseen for the areas of the new Arsenale are not really in line with what we had imagined as an opportunity to experiment a different type of touristic development. In my view the project is instead heading towards a re-proposition of the typical schemes of touristic colonization that characterise northern Sardinia.
I had hoped that, from the moment that the urgency of the G8 had disappeared, more attention would have been paid to the definition of the procedures regarding the management of the new structures.
I have in mind the example of the Alpine tourism. It seems strange, or maybe we simply don't remember, but not too many decades ago certain mountain zones, today rich and developed, were enclaves of poverty and marginalization.
The Alpine touristic industry was not born from local initiatives but from external programmes. It is the case of the region of Valtellina. Someone built the ski lifts and the Valtellinese took advantage and began to create small support structures. These gradually grew, the original equipment was bought back, they began to autonomously develop their own activities and they are now leading actors in the touristic industry of their own region.
Much in the same manner, the management of the new structures of La Maddalena could have been the occasion for local tourism to grow together with the operators that, in the forty years of experience of the Costa Smeralda, should have matured enough to participate in the construction of the future of Sardinia.
Sardinia has become, during the last months, a protagonist of a project of epochal transformation – from a military economy towards a civil economy – and of a project of great industrial reconversion – from a military industry to a civil one based on peace.
At present the Region, at La Maddalena, has been emptied of any responsibility even though it paid for large part of the interventions of requalification of the areas of the ex Arsenale. The paradox is that the Region owns the renovated areas but these have as of yet not been handed back after the works.
In spite of the disenchantment caused by the absence of any political role from the regional administration in the management of the intervention, I believe that what has been realised can constitute a base for a brighter future and that the relaunch of La Maddalena has only been postponed.
The project's complete development – social, economical, cultural – is only waiting for a better political climate.

ARCATE DELL'ARSENALE
ARSENALE ARCADES
STEFANO BOERI ARCHITETTI
PADIGLIONE DEL MARE
SEA PAVILION
STEFANO BOERI ARCHITETTI
CASA DEL MARE
HOUSE OF THE SEA
STEFANO BOERI ARCHITETTI

IL PROGETTO
THE PROJECT

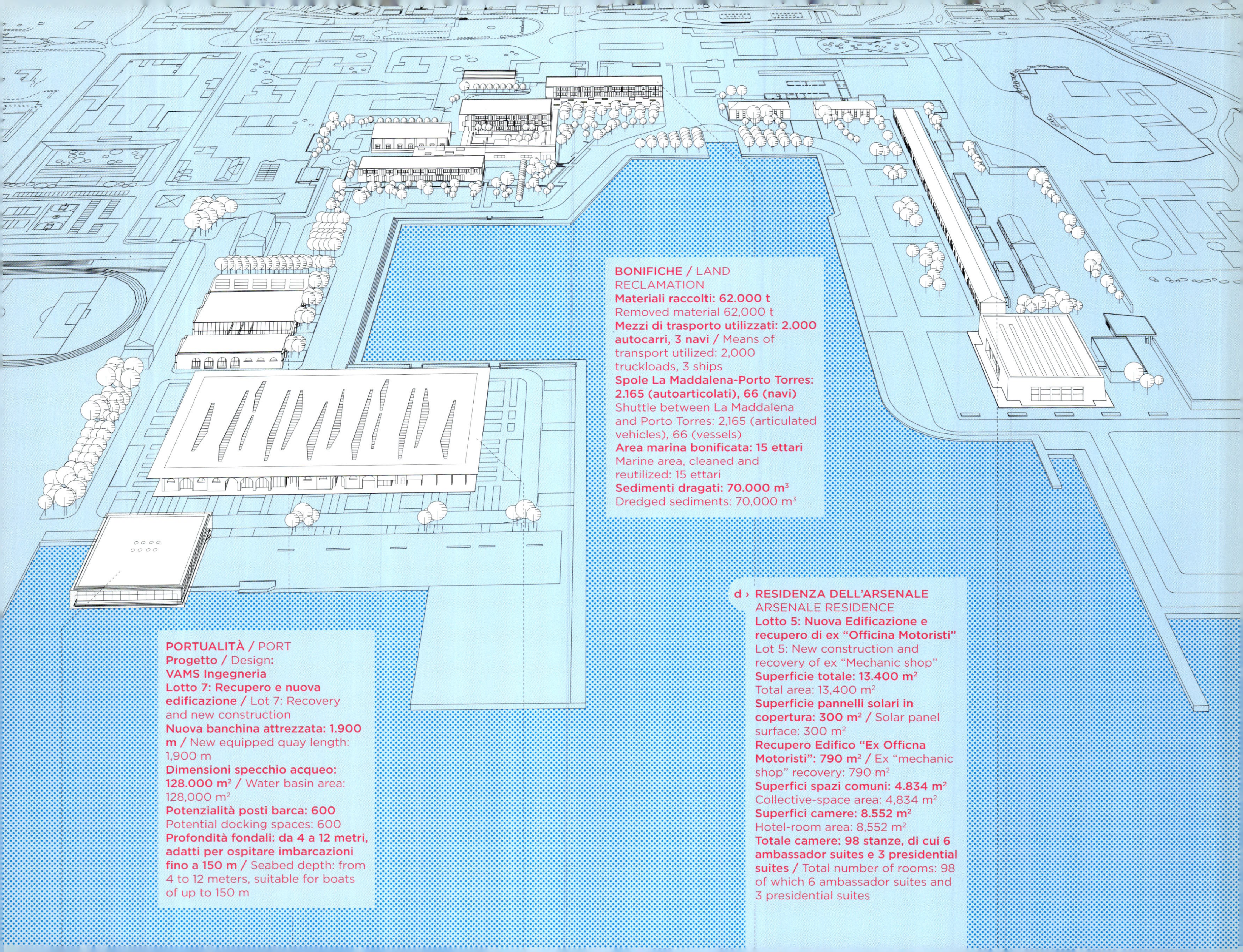

BONIFICHE / LAND RECLAMATION
Materiali raccolti: 62.000 t
Removed material 62,000 t
Mezzi di trasporto utilizzati: 2.000 autocarri, 3 navi / Means of transport utilized: 2,000 truckloads, 3 ships
Spole La Maddalena-Porto Torres: 2.165 (autoarticolati), 66 (navi)
Shuttle between La Maddalena and Porto Torres: 2,165 (articulated vehicles), 66 (vessels)
Area marina bonificata: 15 ettari
Marine area, cleaned and reutilized: 15 ettari
Sedimenti dragati: 70.000 m³
Dredged sediments: 70,000 m³

d › RESIDENZA DELL'ARSENALE
ARSENALE RESIDENCE
Lotto 5: Nuova Edificazione e recupero di ex "Officina Motoristi"
Lot 5: New construction and recovery of ex "Mechanic shop"
Superficie totale: 13.400 m²
Total area: 13,400 m²
Superficie pannelli solari in copertura: 300 m² / Solar panel surface: 300 m²
Recupero Edifico "Ex Officna Motoristi": 790 m² / Ex "mechanic shop" recovery: 790 m²
Superfici spazi comuni: 4.834 m²
Collective-space area: 4,834 m²
Superfici camere: 8.552 m²
Hotel-room area: 8,552 m²
Totale camere: 98 stanze, di cui 6 ambassador suites e 3 presidential suites / Total number of rooms: 98 of which 6 ambassador suites and 3 presidential suites

PORTUALITÀ / PORT
Progetto / Design:
VAMS Ingegneria
Lotto 7: Recupero e nuova edificazione / Lot 7: Recovery and new construction
Nuova banchina attrezzata: 1.900 m / New equipped quay length: 1,900 m
Dimensioni specchio acqueo: 128.000 m² / Water basin area: 128,000 m²
Potenzialità posti barca: 600
Potential docking spaces: 600
Profondità fondali: da 4 a 12 metri, adatti per ospitare imbarcazioni fino a 150 m / Seabed depth: from 4 to 12 meters, suitable for boats of up to 150 m

MASTERPLAN

DISEGNI DI / DRAWINGS BY SALOTTOBUONO

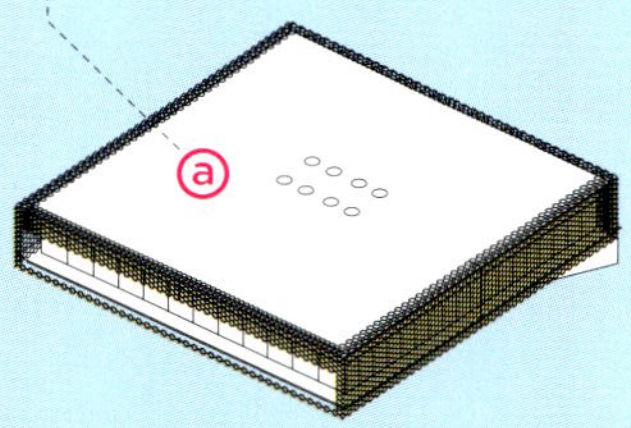

a › **CASA DEL MARE (CENTRO CONFERENZE) / HOUSE OF THE SEA (**MAIN CONFERENCE CENTER)
Lotto 4: Nuova Edificazione / Lot 4: New construction
Superficie totale: 2.230 mq / Total surface: 2,230 mq
Piano terra: 672 m^2 / Ground floor: 672 m^2
Piano primo: 1.560 m^2 / First floor: 1,560 m^2
Superficie sala conferenze: 420 m^2
Surface Conference Hall: 420 m^2

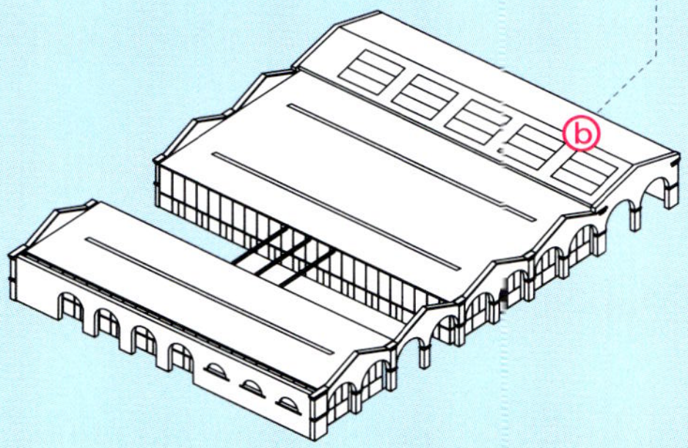

b › **ARCATE DELL'ARSENALE (CATERING DELEGATI)**
ARSENALE ARCADES (DELEGATE CATERING)
Lotto 4: Recupero dell'edifico denominato "Magazzini" / Lot 4: Recovery of the ex "Magazzini" (warehouse) building
Superficie coperta totale: 2.700 m^2 / Covered surface: 2,700 m^2
Spazio giardino: 613 m^2 / Solar panel surface: 613 m^2
Superficie bar: 683 m^2
Bar: 683 mq
Spazi cucine: 700 m^2
Kitchen areas: 700 m^2
Sala principale: 1.253 m^2
Main hall: 1,253 m^2

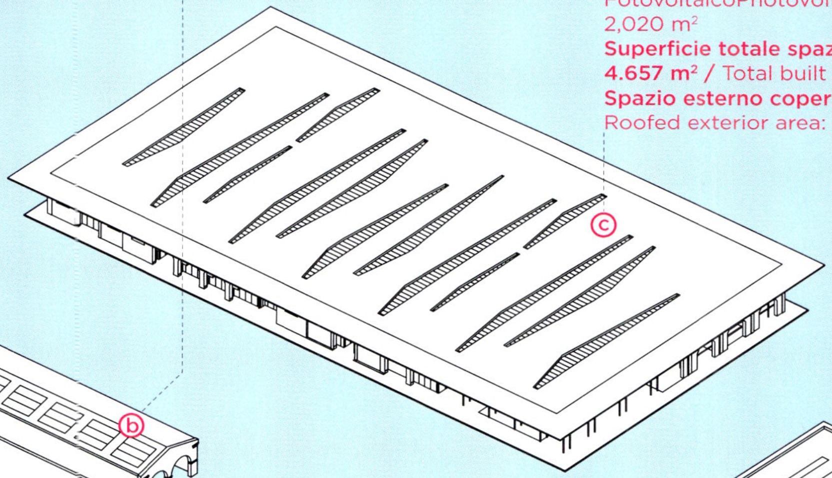

c › **PADIGLIONE DEL MARE (AREA DELEGATI)** / SEA PAVILLION (DELEGATES AREA)
Lotto 4: Recupero dell'edificio denominato "Ex Carbonaia" / Lot 4: Recovery of the "Ex Bunker" building
Superficie Copertura: 9.540 m^2
Covered surface: 9,540 m^2
Superficie impianto: 2.020 m^2
FotovoltaicoPhotovoltaic surface: 2,020 m^2
Superficie totale spazi edificati: 4.657 m^2 / Total built area: 4,657 m^2
Spazio esterno coperto: 4.883 m^2
Roofed exterior area: 4,883 m^2

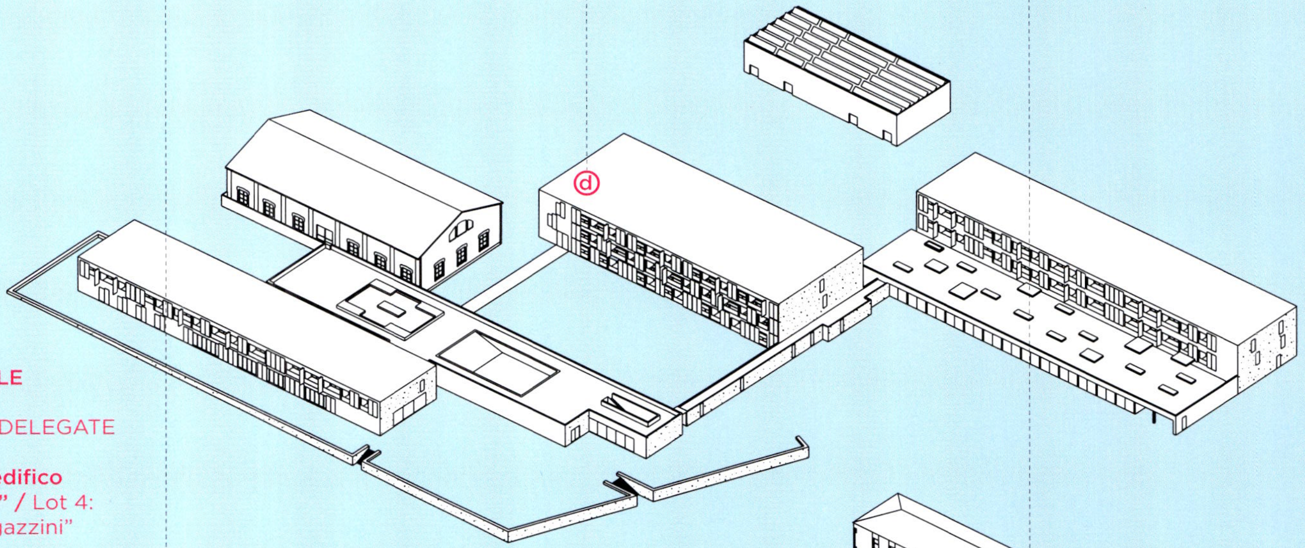

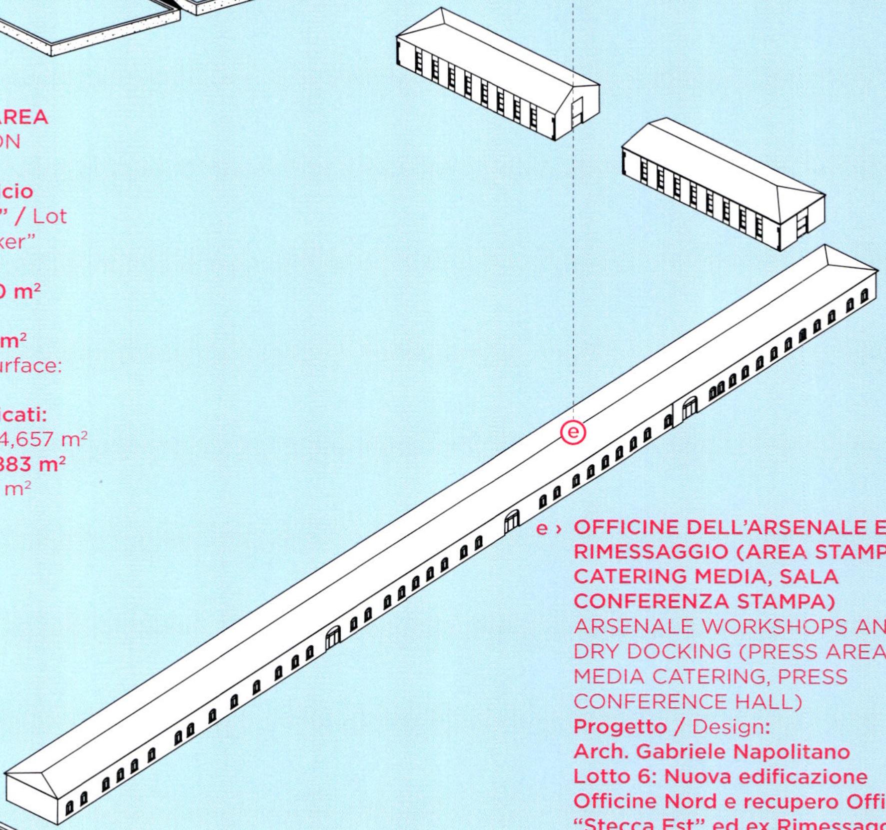

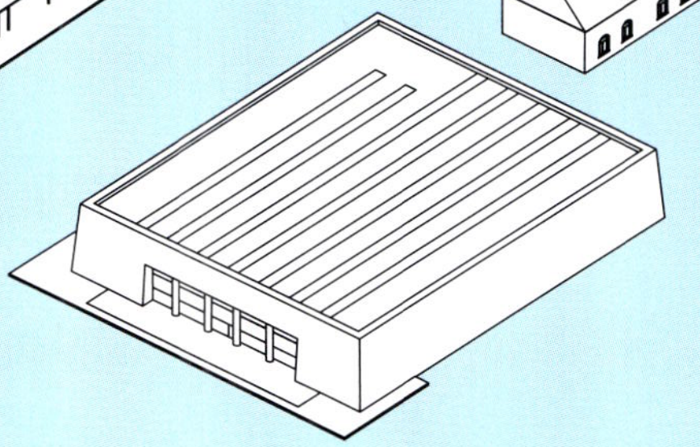

e › **OFFICINE DELL'ARSENALE E RIMESSAGGIO (AREA STAMPA, CATERING MEDIA, SALA CONFERENZA STAMPA)**
ARSENALE WORKSHOPS AND DRY DOCKING (PRESS AREA, MEDIA CATERING, PRESS CONFERENCE HALL)
Progetto / Design:
Arch. Gabriele Napolitano
Lotto 6: Nuova edificazione Officine Nord e recupero Officine "Stecca Est" ed ex Rimessaggio
Lot 6: New Northern workshops buildings and recovery of the workshops of the "Eastlock" and ex Dry-docking area
Superficie Officine Nord: 1.340 m^2
Area North workshop: 1,340 m^2
Superficie Officine dell'Arsenale: 2.850 m^2 / Area Arsenale workshops: 2,850 m^2
Superficie Rimessaggio: 2.800 m^2
Ex Dry docking area: 2,800 m^2

SCAMBIATORI DI CALORE / HEATING AND COOLING SYSTEMS

Le centrali termofrigorifere di climatizzazione degli edifici prevedono delle unità di produzione dell'energia termica e frigorifera che utilizzano come fluido di condensazione l'acqua di mare. Da un locale tecnico interrato avviene la presa e la filtrazione di acqua di mare mediante gruppo di elettropompe, per far poi incanalare lungo tutto il perimetro della banchina le tubazioni di distribuzione dell'acqua fino alle centrali termofrigorifere. L'acqua viene poi rilasciata nuovamente nello specchio acqueo antistante l'arsenale a un centinaio di metri al largo della linea di costa per rispettare i parametri fisici, biologici e chimici del mare / The centralized AC systems foresee thermal energy production units that use sea water as a condensation fluid. From an underground technical room the sea is integrated and filtered through electrical pumping systems. The water is channeled through tunnels that run through the complete perimeter of the quay to the AC and heating control center. Water is released back into the water basin about a hundred meters from the shore in respect of the physical, biological and chemical parameters of the seawater.

IL TRATTAMENTO DELLE ACQUE / WATER PROCESSING

Nell'area dell'ex arsenale, mentre le acque piovane provenienti dalle coperture degli edifici sono utilizzate per alimentare gli impianti di innaffiamento delle aree verdi, le acque meteoriche scolanti sulle superfici impermeabili quali piazzali, banchine e strade, veicolo primario di inquinamento, sono captate da caditoie poste sulle pavimentazioni e convogliate all'interno di apposite vasche di contenimento di prima pioggia per un trattamento di filtraggio e disoleatura per essere recapitate al rinnovato depuratore comunale / While collected rooftop rainwater is used to supply the watering systems used for green areas, within the area of the ex-arsenale drained rainwater collected from waterproof surfaces such as quays and streets, primary sources of contamination, are collected into a system that include first-fall tanks that permit the filtering and depuration processes before its reincorporation to the recently modernized municipal purifier.

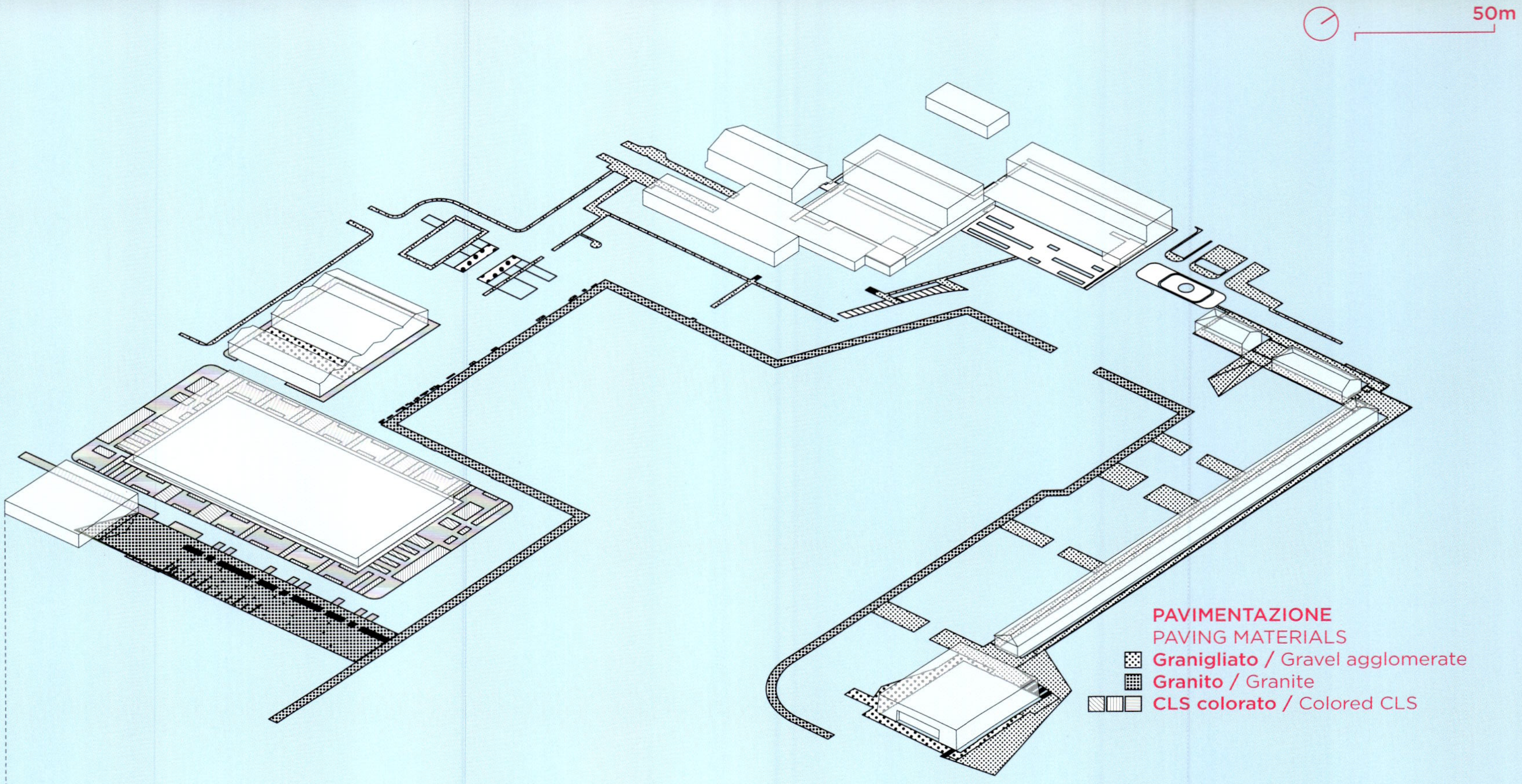

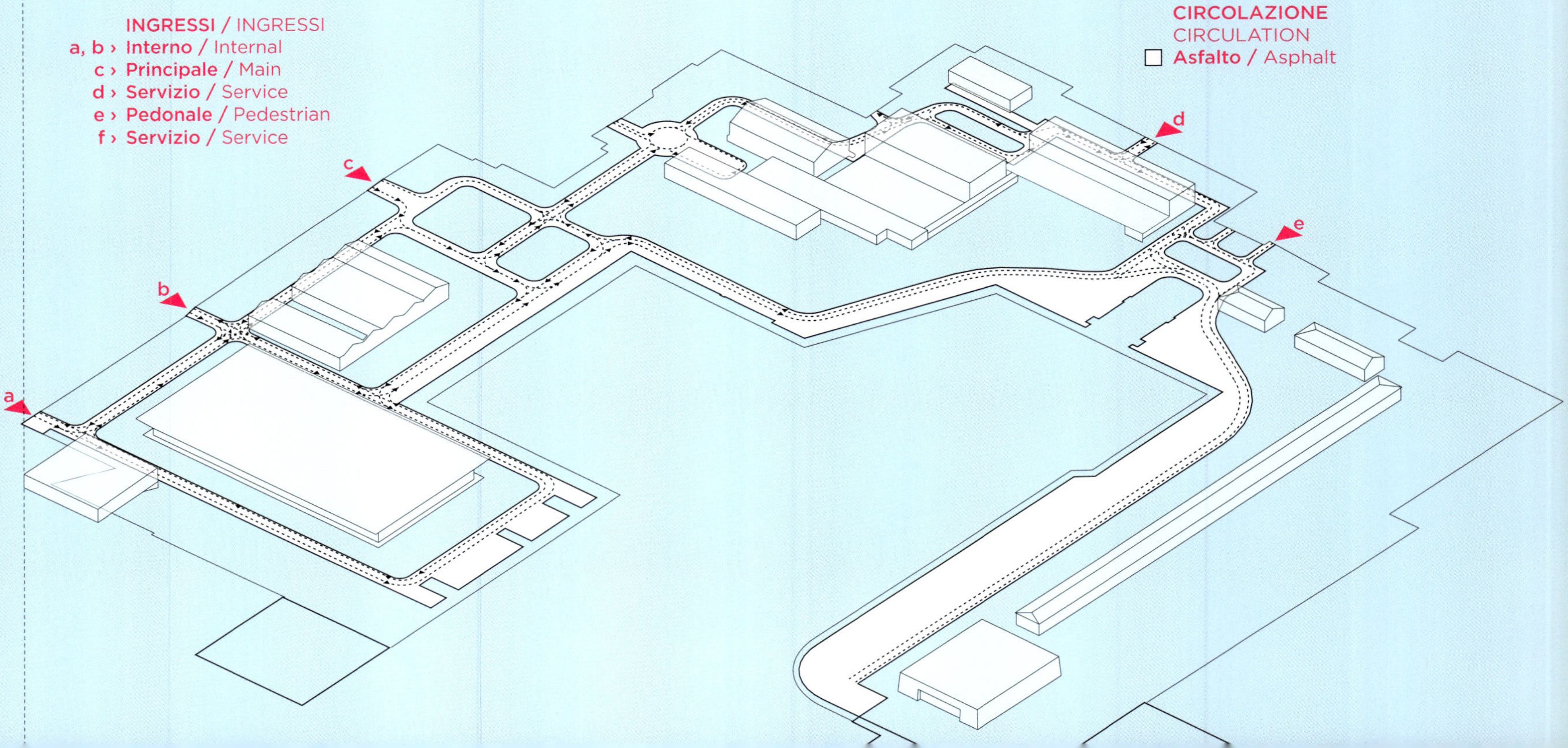

MASTERPLAN

DISEGNI DI / DRAWINGS BY SALOTTOBUONO

Area ex arsenale	
Former arsenale area	155.000 m²
Perimetro / Perimeter	3,9 km
Specchio acqueo	
Water basin	128.000 m²
Posti barca / Boat places	≈ 600
Banchina / Quay	1,9 km
Asfalto / Asphalt	23.000 m²
Spazi pubblici e percorsi	
Public spaces and paths	15.300 m²
Verde / Green areas	30.000 m²

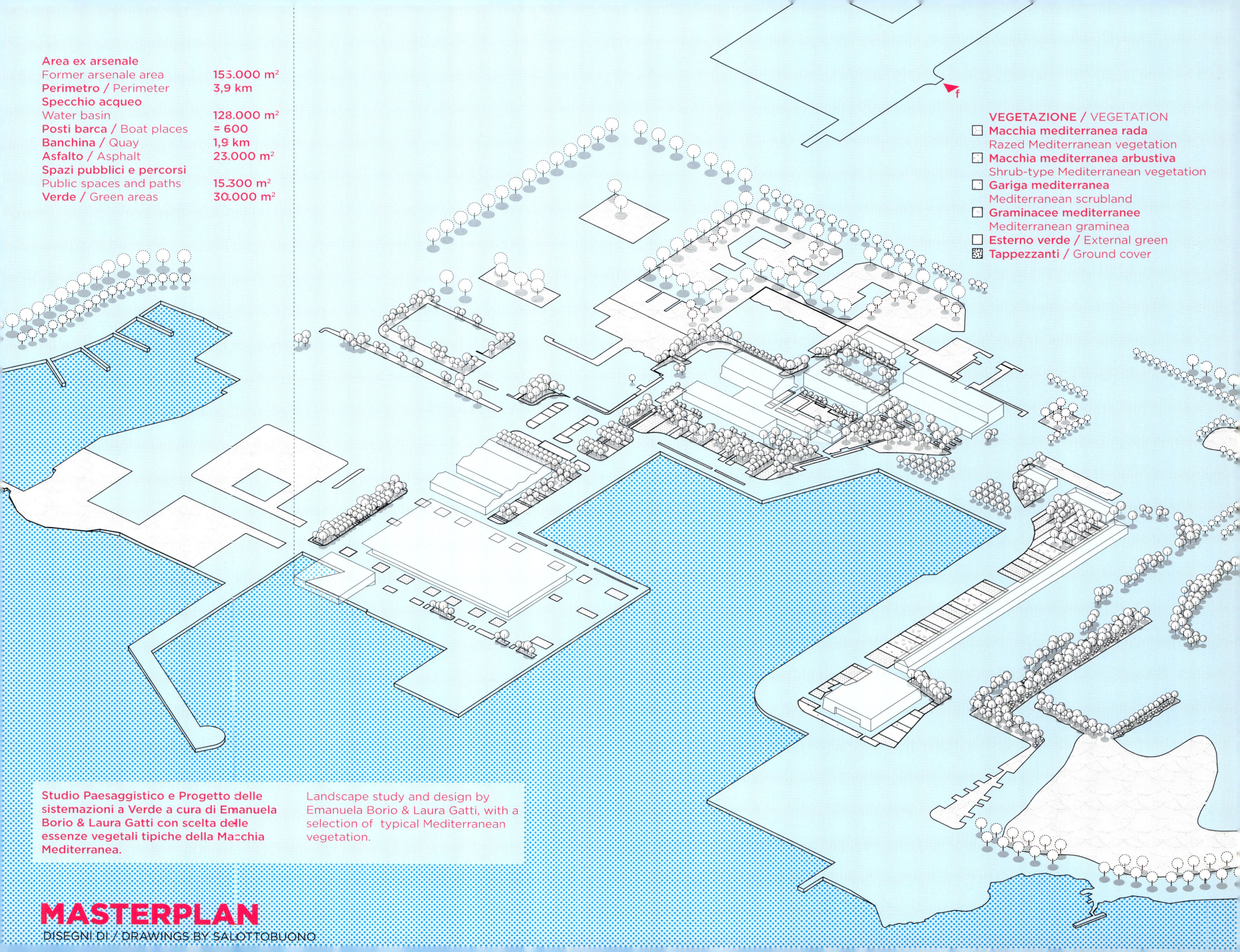

Studio Paesaggistico e Progetto delle sistemazioni a Verde a cura di Emanuela Borio & Laura Gatti con scelta delle essenze vegetali tipiche della Macchia Mediterranea.

Landscape study and design by Emanuela Borio & Laura Gatti, with a selection of typical Mediterranean vegetation.

PIANO PRIMO / FIRST FLOOR

a › **Sala conferenza principale: 421 m²**
Conference hall: 421 m²

b › **Foyer: 72 m²** / Foyer: 72 m²

c › **Uffici: 87 m²** / Offices: 87 m²

d › **Sala conferenza secondaria o sala da pranzo: 97 m²** / Conference room or dining room: 97 m²

e › **Catering: 13 m²** / Catering: 13 m²

f › **Servizi igienici principali: 60 m²**
Bathroom services: 60 m²

g › **Servizi igienici di servizio: 14 m²**
Bathrooms: 14 m²

h › **Sala conferenza secondaria o sala da pranzo: 130 m²** / Conference room or dining room: 130 m²

i › **Locale tecnico: 62 m²** / Technical spaces: 62 m²

j › **Spazi distributivi: 150 m²** / Distribution spaces: 150 m²

k › **Scale** / Staircase

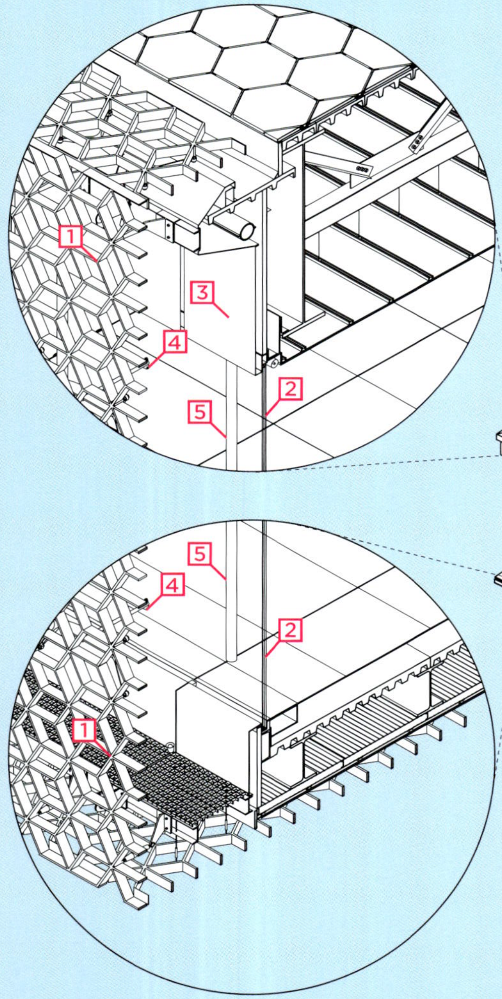

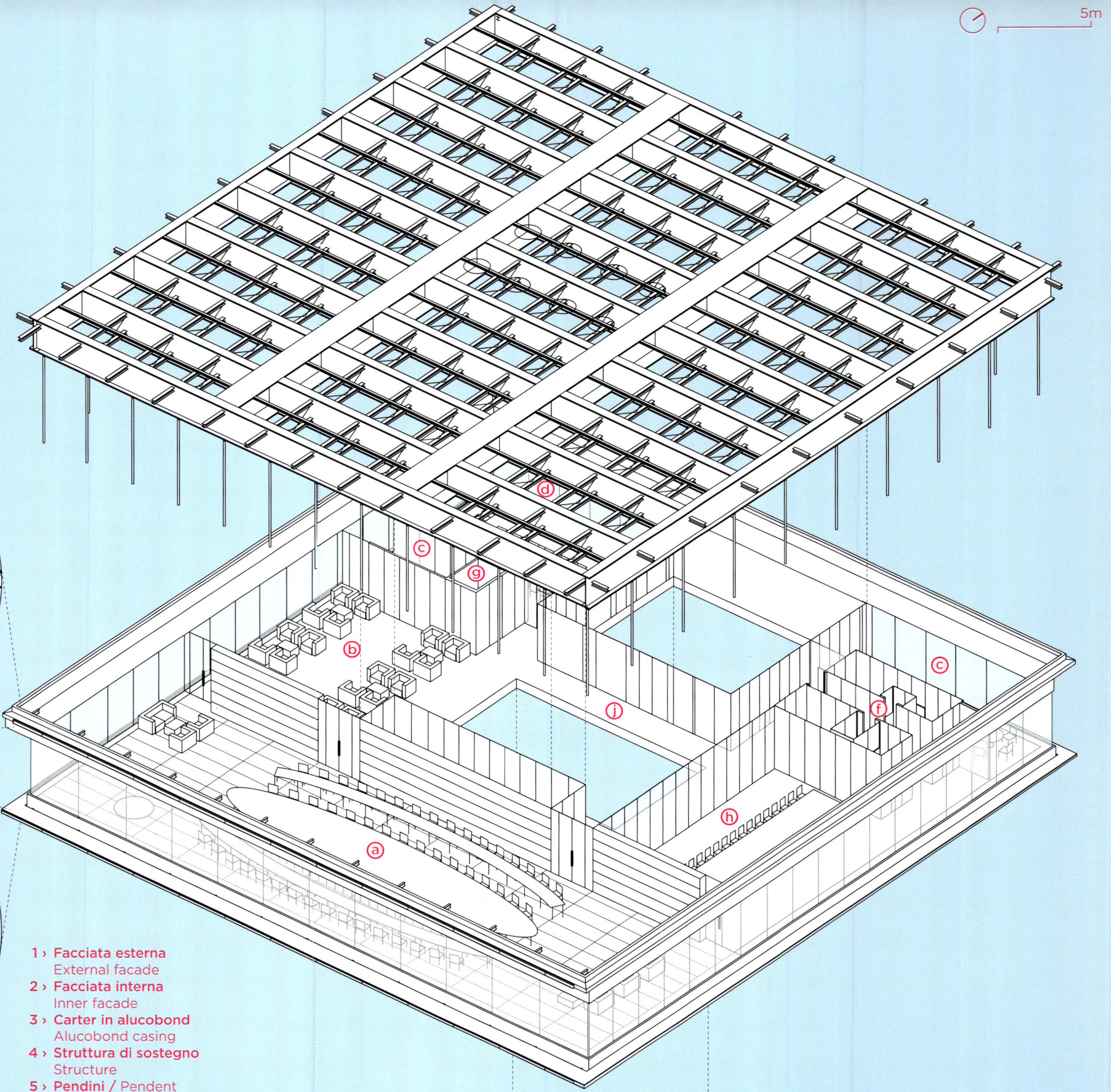

1 › **Facciata esterna**
External facade

2 › **Facciata interna**
Inner facade

3 › **Carter in alucobond**
Alucobond casing

4 › **Struttura di sostegno**
Structure

5 › **Pendini** / Pendent structural elements

* Il collegamento verticale è garantito da un ascensore panoramico vetrato delle dimensioni record di 8 m di lunghezza per 1,25 m di larghezza, che può trasportare fino 3000 kg di portata e più di 30 persone. La caratteristica speciale e unica dell'intero impianto, progettato e prodotto da Lift Europa con il centro Prototipi Fermator e GMV e ILC, è il sistema di 4 pistoni sincronizzati per l'elevazione e la dimensione record di apertura delle porte totalmente vetrate e motorizzate in basso (apertura di oltre 6 m).

Vertical connection is guaranteed by a glass panoramic elevator measuring 8 m by 1.25 m that can carry a load of up to 3,000 kg, about 30 people. The particularities of the elevator, designed and produced by Lift Europa with the Prototipi Fermator, GMV, ILC center, are the four piston synchronized system for elevation and the record dimension of the glass doors that open in a span that exceeds 6 meters.

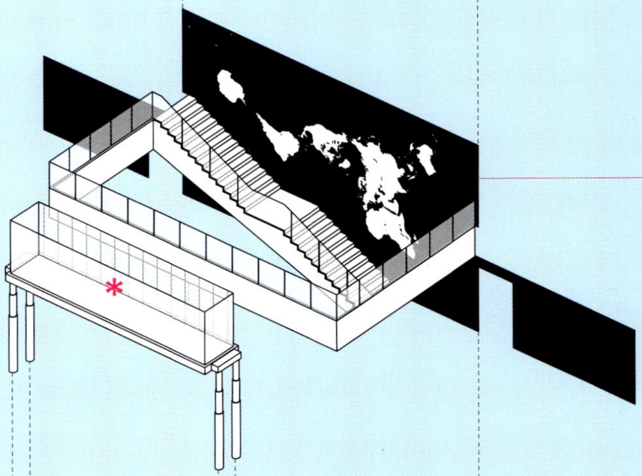

Elaborazione grafica Stefano Boeri Architetti da immagine del satellite Europeo dell'ESA ENVISAT
Graphic elaboration Stefano Boeri Architetti from ESA ENVISAT European satellite image

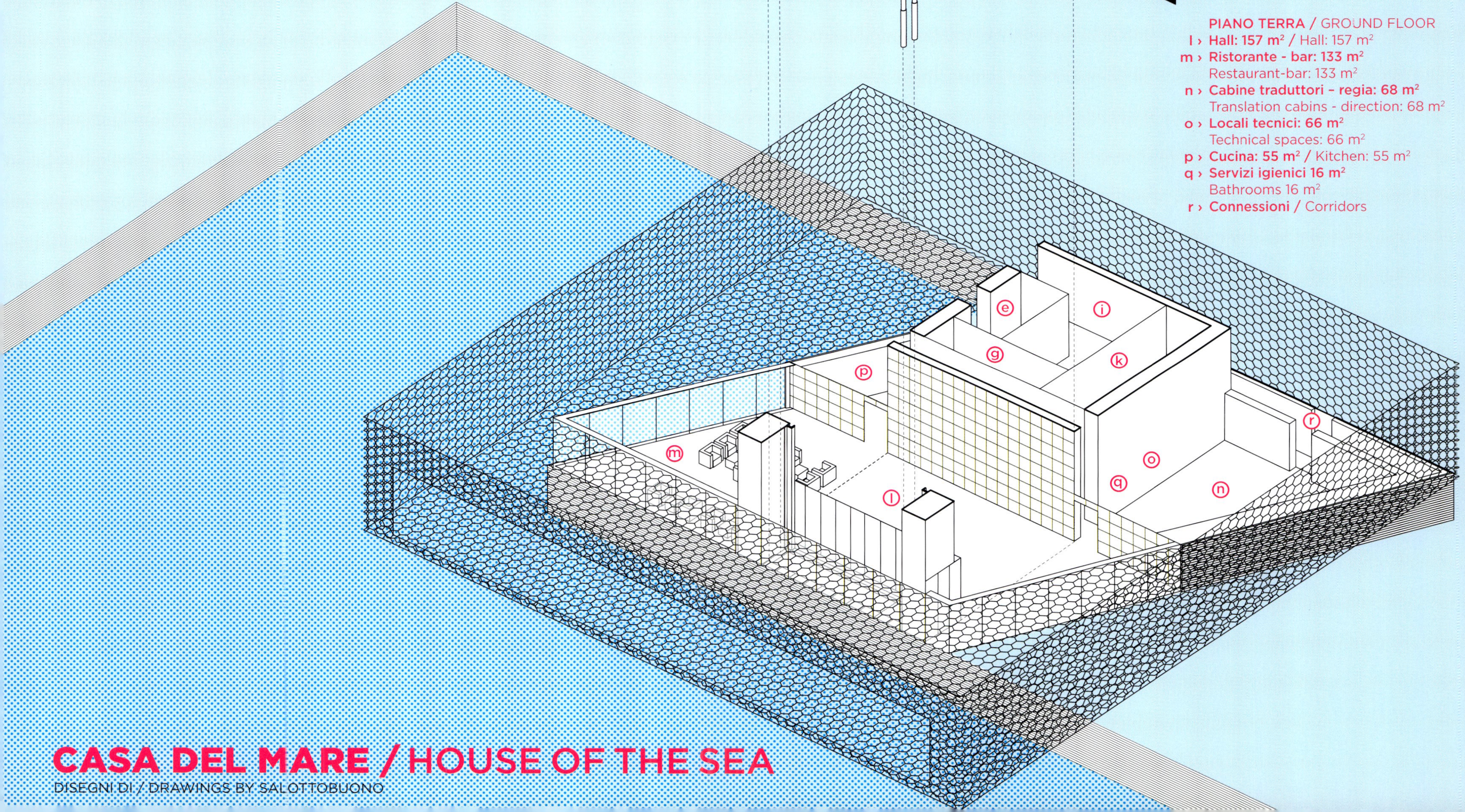

PIANO TERRA / GROUND FLOOR

- l › **Hall: 157 m²** / Hall: 157 m²
- m › **Ristorante - bar: 133 m²** Restaurant-bar: 133 m²
- n › **Cabine traduttori - regia: 68 m²** Translation cabins - direction: 68 m²
- o › **Locali tecnici: 66 m²** Technical spaces: 66 m²
- p › **Cucina: 55 m²** / Kitchen: 55 m²
- q › **Servizi igienici 16 m²** Bathrooms 16 m²
- r › **Connessioni** / Corridors

CASA DEL MARE / HOUSE OF THE SEA

DISEGNI DI / DRAWINGS BY SALOTTOBUONO

1 › **Canale di Gronda per acque meteoriche**
Rainwater eaves canal

2 › **Pluviale** / Drain

3 › **Braccio Metallico in acciaio inox per sostegno facciata in vetro** / Stainless steel metallic support for glass facade

4 › **Facciata alveolare in vetro forgiato temperato costitituita da moduli di vetro 330 mm x 150 mm sp. 20 mm. I moduli sono assemblati in in pannelli delle dimensioni di 2,2 m x 2 attraverso incollaggio strutturale** / Tempered glass alveolar façade composed with 330 mm x 150 mm sp. 20 mm modules. The modules are assembled in 2,2 m x 2 panels with structural glue

5 › **Braccio metallico in acciaio inox per sostegno facciata** / Stainless steel metallic façade support

6 › **Struttura funicolare di sostegno della facciata in acciaio inox 316 finitura spazzolata** / Brushed 316 stainless steel cable structure

7 › **Bracci di sostegno realizzati in fusione d'acciao inox 316 finitura spazzolata**
Façade support elements in brushed 316 stainless steel

8 › **Borchie articolate in aluminio incollate strutturalmente agli elementi in vetro**
Articulated anchorage system in aluminum structurally to the glass elements

9 › **Carter perimetrale in allumino sp. 4 mm**
4 mm aluminum perimeter casing

10 › **Pendino strutturale**
Pendent structural element

11 › **Pinna di irrigidimento in vetro stratificato (15+15+15 mm)** / Structural fin in stratified glass (15+15+15 mm)

12 › **Vetilconvettore a pavimento** / AC floor duct

13 › **Vetrocamera (10+10/16/5+5 mm) Saint Gobain scg Climaplus Solar Control Diamant** / Saint Gobain scg Climaplus Solar Control Diamant double glazing (10+10/16/5+5 mm)

14 › **Serramenti di facciata** / Interior façade

15 › **Pavimento flottante alleggerito di lastre 3x1 m in Marmo statuario dello spessore totale di 2,3 cm. Le lastre sono costituite da un pannello in Honeycomb dello spessore di 1,8cm, con 1 mm di spessore incollante e 4 mm di Marmo statuario** / 3x1 m lightened marble 2,3 cm thick floating pavement. Each slab is composed of a 1,8 cm honeycomb panel, 1mm layer of glue and 4 mm marble surface

16 › **Sandwich in poliuretano espanso**
Expanded polyurethane sandwich panel

17 › **Corpo illuminante Philips Linealed wallwash**
Philips Linealed wallwash light source

18 › **Passerella in grigliato di acciaio inox 316**
316 stainless steel grid catwalk

19 › **Profilo omega 160** / Omega 160 profile

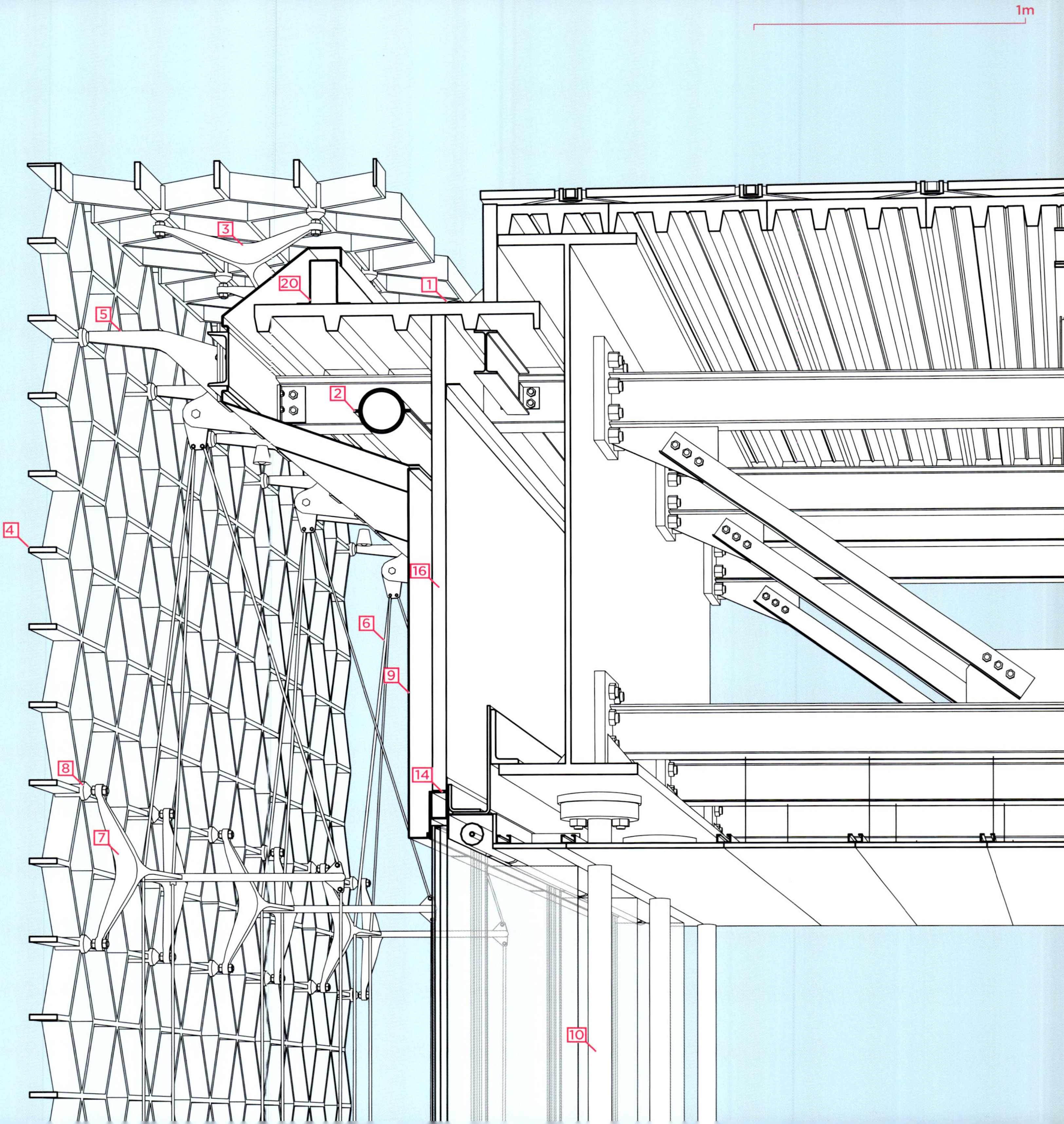

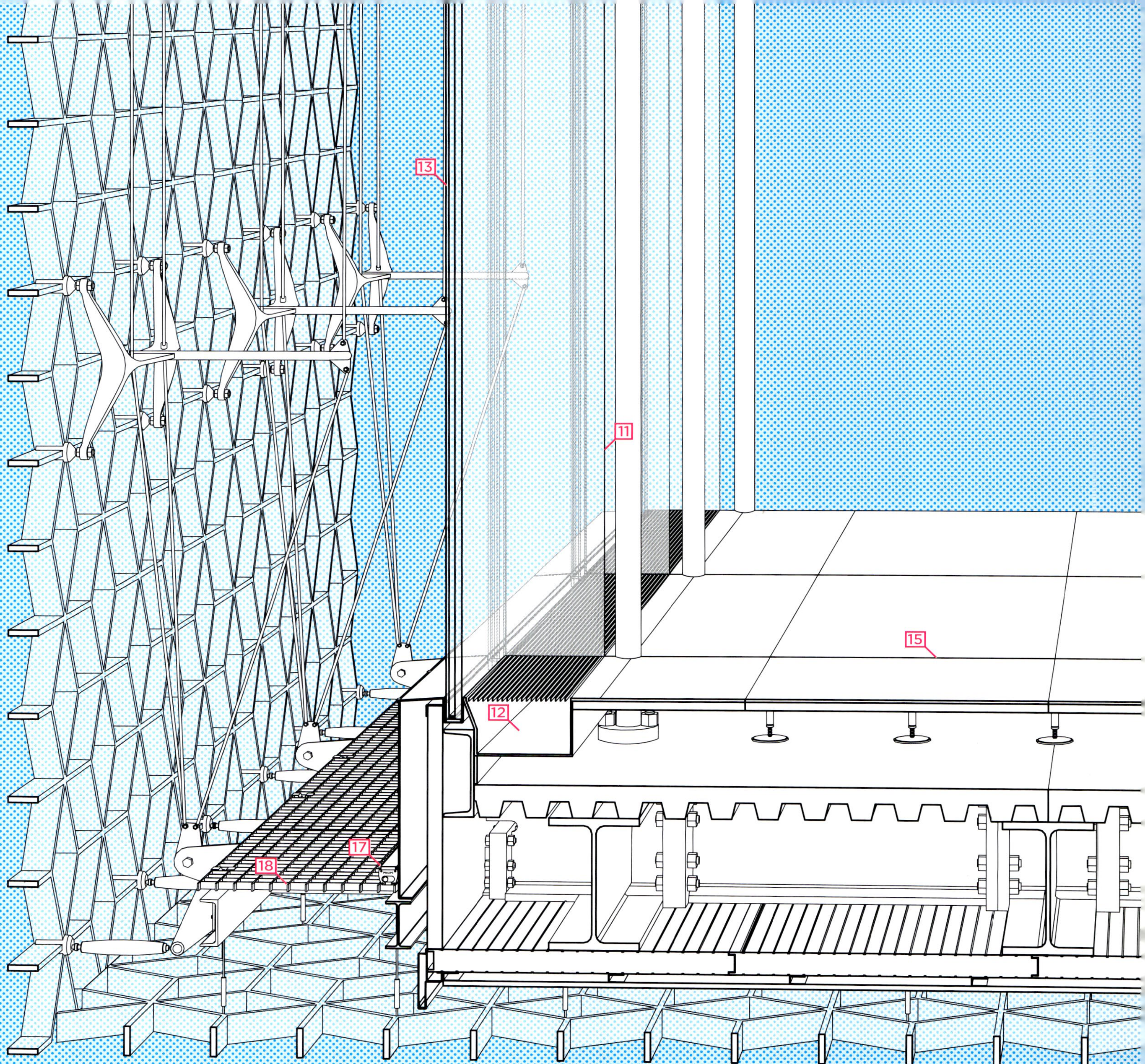

Il progetto, realizzato con Anemone Costruzioni, nello specifico della facciata esterna è stato sviluppato in collaborazione con Bodino Engineering, i serramenti di facciata strutturale con Teleya che ha utilizzato vetro Saint Gobain, mentre il progetto di pavimentazione speciale della sala è stato sviluppato con GVM la Civiltà del Marmo. Le strutture in acciaio sono state realizzate da MBM mentre il progetto illuminotecnico esterno è sviluppato con Philips e quello interno con iGuzzini.

The project realized with Anemone Costruzioni was, with regards to the specific detailing developed in collaboration with Bodino Engineering for the external façade; Teleya for the structural façade that incorporated Saint Gobain glass; and GVM la Civiltà del Marmo for the main conference hall flooring. Steel structures were realized by MBM while the external lighting project was developed with Phillips and the internal illumination with i Guzzini.

DETTAGLIO / DETAIL

DISEGNI DI / DRAWINGS BY SALOTTOBUONO

COPERTURA FOTOVOLTAICA
L´impianto generatore fotovoltaico è un sistema costituito dal parallelo di stringhe di moduli fotovoltaici di tipo amorfo realizzate con moduli in serie. I moduli fotovoltaici sono posti su strutture di sostegno in profili di acciaio sagomati, saldati e zincati a caldo disposte con orientamento ed inclinazione tali da massimizzare la captazione di energia solare e da non impedire la ventilazione del retromodulo.

PHOTOVOLTAIC SURFACE
The photovoltaic generator system is composed of parallel strings of modules comprised of amorphous photovoltaic cells in series. The modules are placed on heat shaped, welded and zinc coated steel profile structures oriented and tilted to maximize the gathering of solar energy while guaranteeing backside ventilation.

Il sistema costruttivo dei padiglioni esterni permette un totale smontaggio dei moduli senza intaccare le strutture portanti dell'edifico.
External pavilion constructive systems are designed to consent their complete disassembly without risk to the structure of the building.

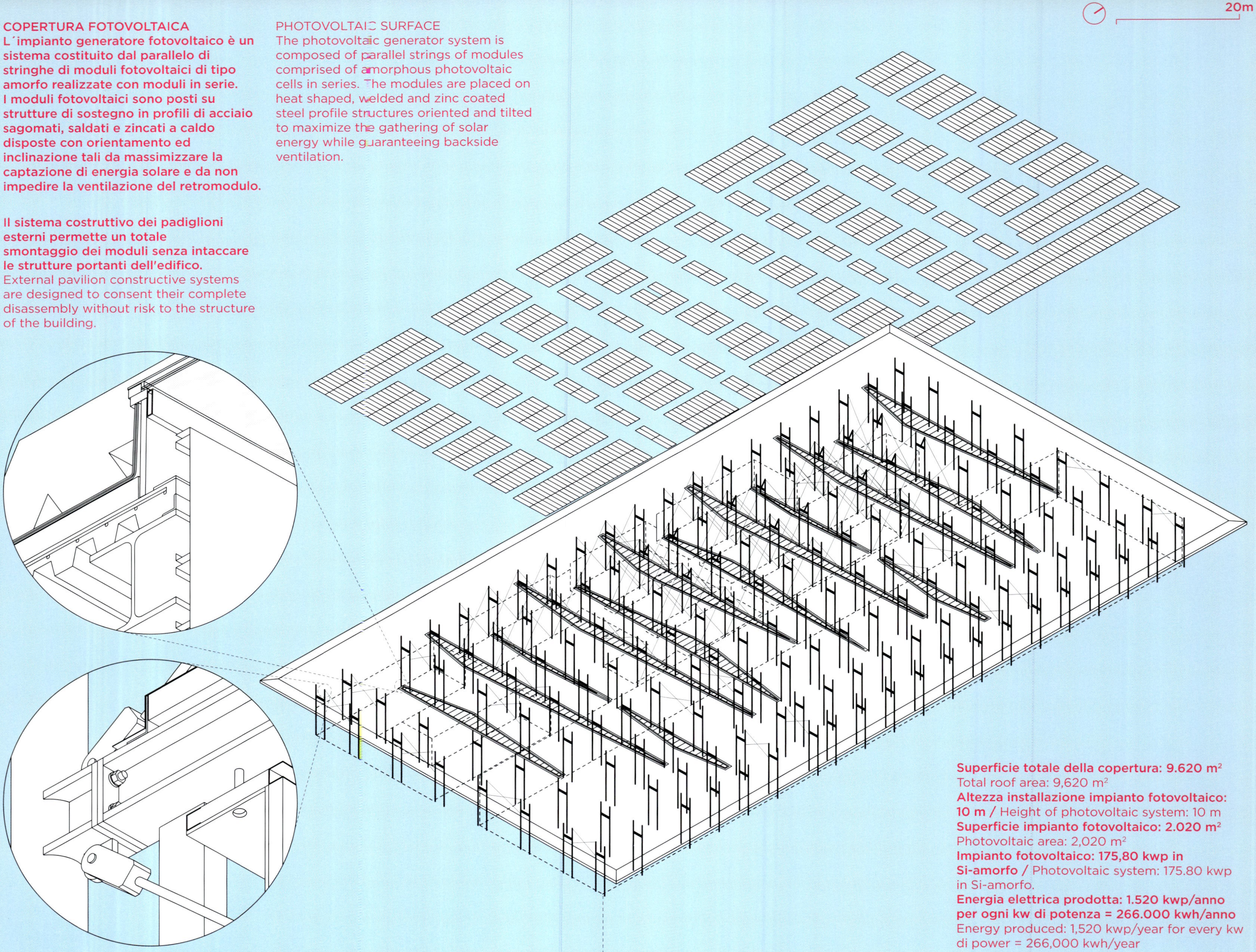

Superficie totale della copertura: 9.620 m²
Total roof area: 9,620 m²
Altezza installazione impianto fotovoltaico: 10 m / Height of photovoltaic system: 10 m
Superficie impianto fotovoltaico: 2.020 m²
Photovoltaic area: 2,020 m²
Impianto fotovoltaico: 175,80 kwp in Si-amorfo / Photovoltaic system: 175.80 kwp in Si-amorfo.
Energia elettrica prodotta: 1.520 kwp/anno per ogni kw di potenza = 266.000 kwh/anno
Energy produced: 1,520 kwp/year for every kw di power = 266,000 kwh/year

PROVVEDITORIE NAUTICHE: 3.200 m²
NAUTICAL PROVISIONS AREA: 3,200 m²

Area uffici delegazioni in occasione G8
Delegates area on occasion of the G8 summit

PADIGLIONI ESTERNI: 1.457 m²
EXTERIOR PAVILIONS: 1,457 m²

Ufficio presidenti G5 e Uffici Sherpa in occasione del G8 / G5 President's Office and Sherpa Offices on occasion of the G8 summit

SPAZIO ESTERNO FIERISTICO ED ESPOSITIVO AL COPERTO: 4883 m²
EXTERIOR, COVERED EXHIBITION AND FAIR SPACES: 4883 m²

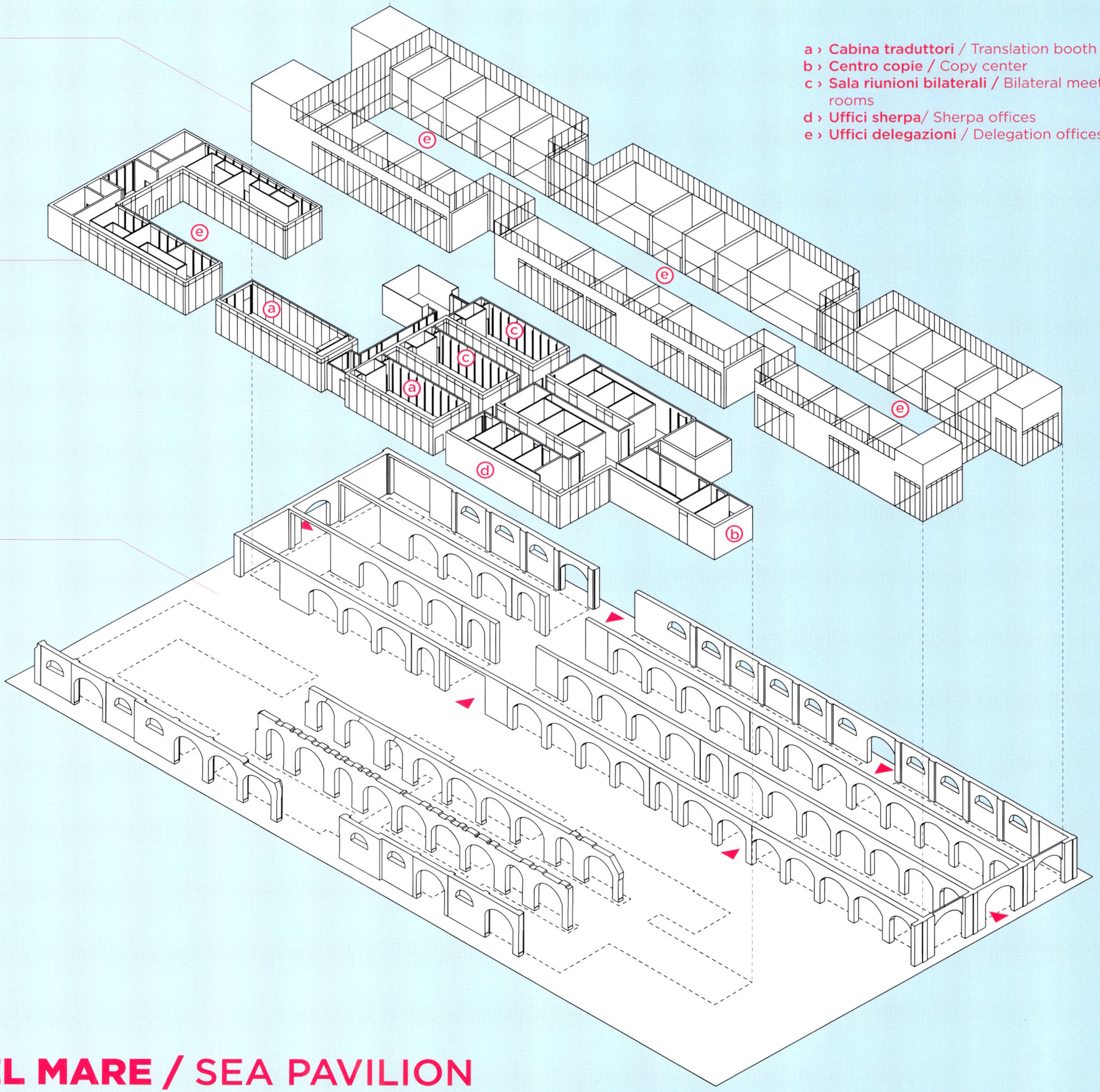

a › **Cabina traduttori** / Translation booth
b › **Centro copie /** Copy center
c › **Sala riunioni bilaterali /** Bilateral meeting rooms
d › **Uffici sherpa**/ Sherpa offices
e › **Uffici delegazioni** / Delegation offices

PADIGLIONE DEL MARE / SEA PAVILION

DISEGNI DI / DRAWINGS BY SALOTTOBUONO

a › **Recupero edificio ex "Officina motoristi"** Recovery of ex "Mechanic shop"
b › **Predisposizione tetti verdi** Future green roofs
c › **Vasca verde** / Planter
d › **Piscina** / Pool
e › **Solarium** / Solarium
f › **Giardino interno** / Interior garden
g › **Ingresso hotel** / Hotel entrance
h › **Ingresso bar** / Bar entrance
i › **Ingresso ristorante** / Bar entrance
j › **Rivestimento in pietra** / Stone cladding
k › **Lucernaio** / Skylight
l › **Edificio impianti** / Technical spaces

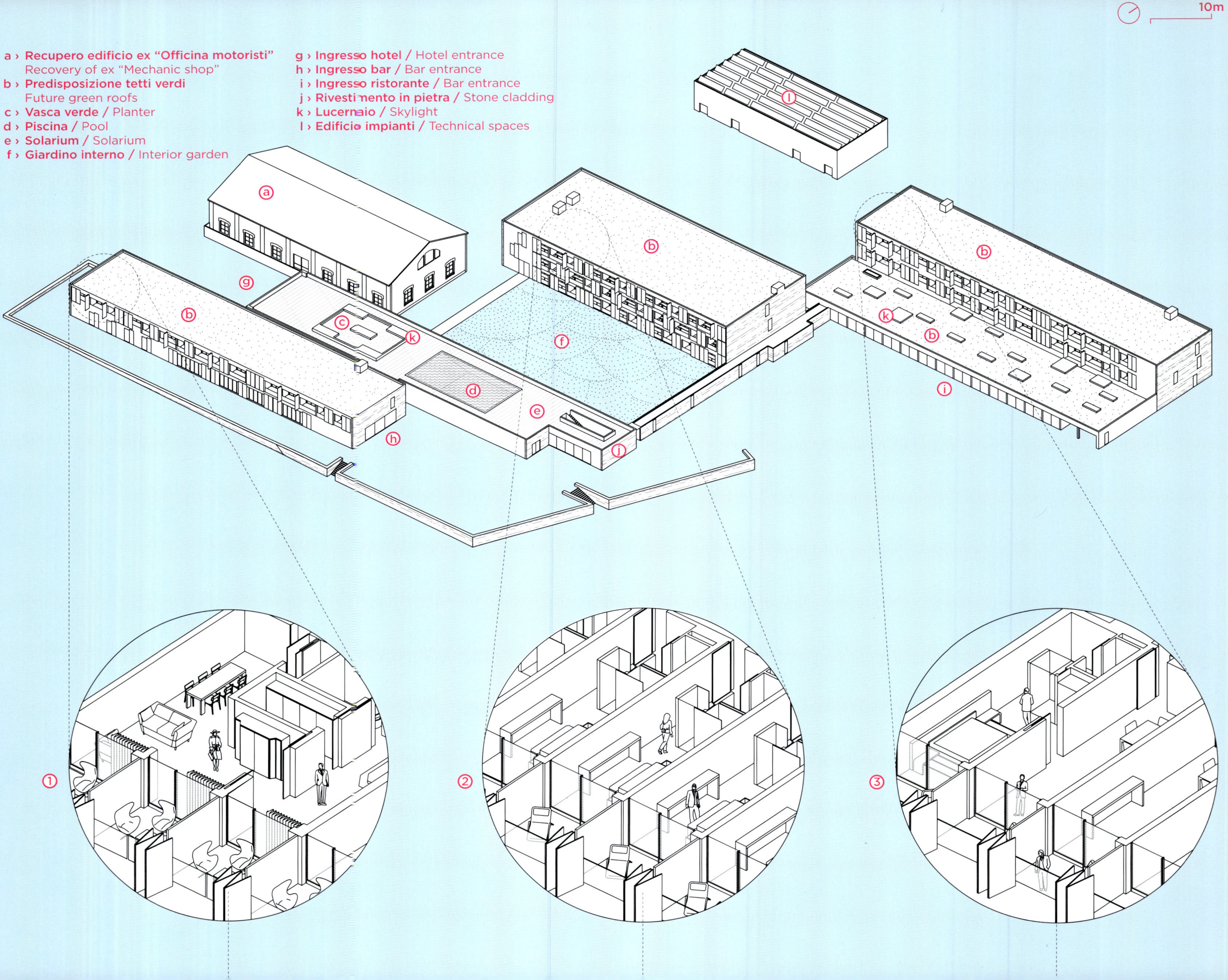

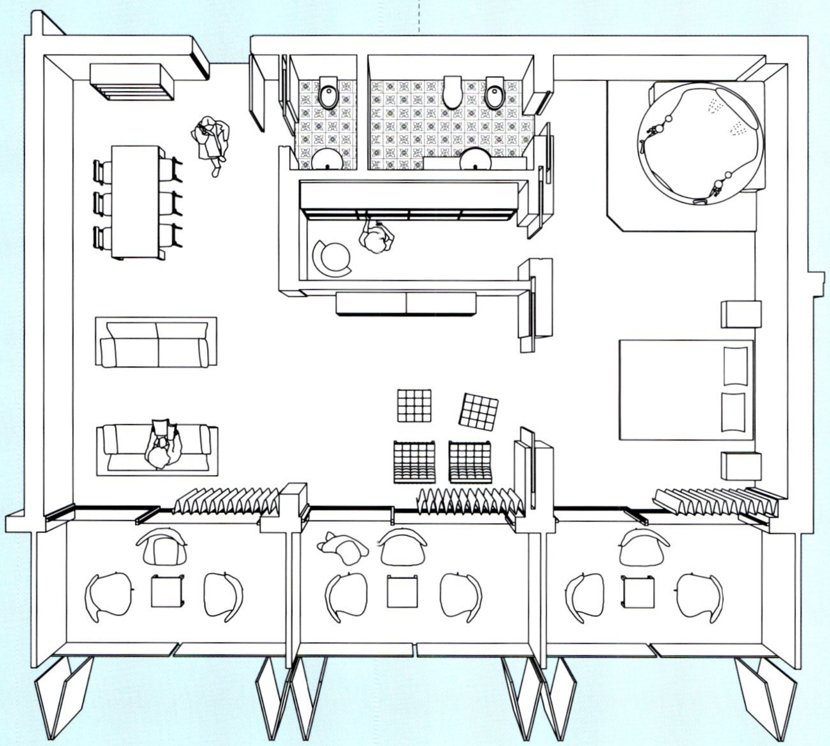

① **Suite Presidenziale** / Presidential Suite

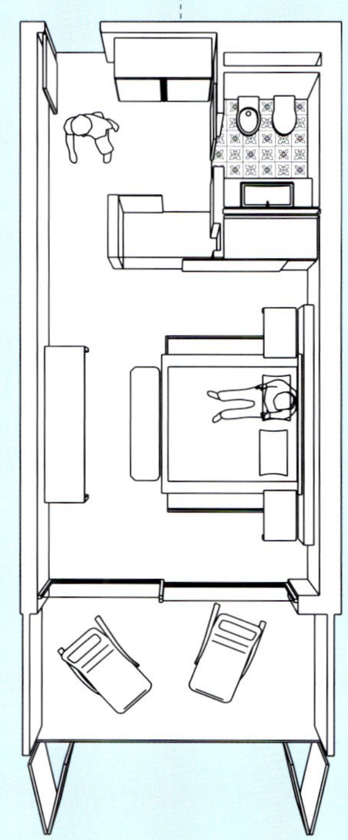

② **Camera** / Hotel Room

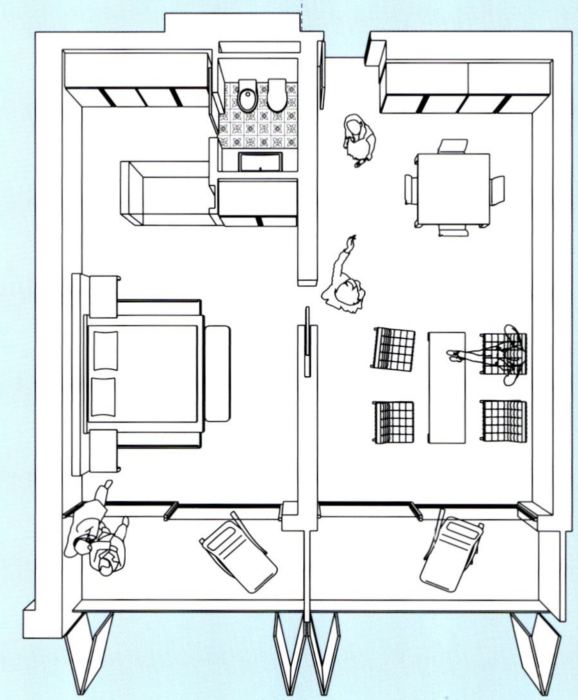

③ **Suite** / Suite

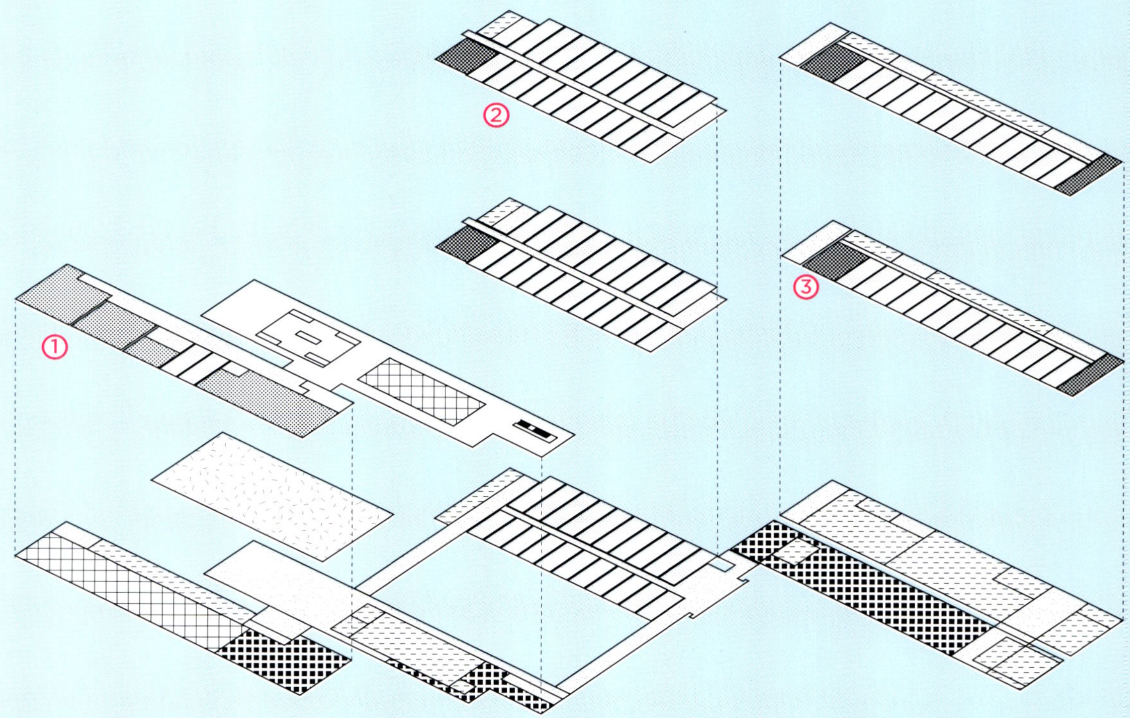

- **Camera** / Hotel Room
- **Suite** / Suite
- **Suite Presidenziale** / Presidential Suite
- **Locali tecnici** / Technical spaces
- **Ristorante - Bar** / Restaurant - Bar
- **Wellness relax** / Wellness relax
- **Connessioni** / Connections
- **Spazio polifunzionale** / Multifunctional space

RESIDENZA DELL' ARSENALE / ARSENALE RESIDENCE

DISEGNI DI / DRAWINGS BY SALOTTOBUONO

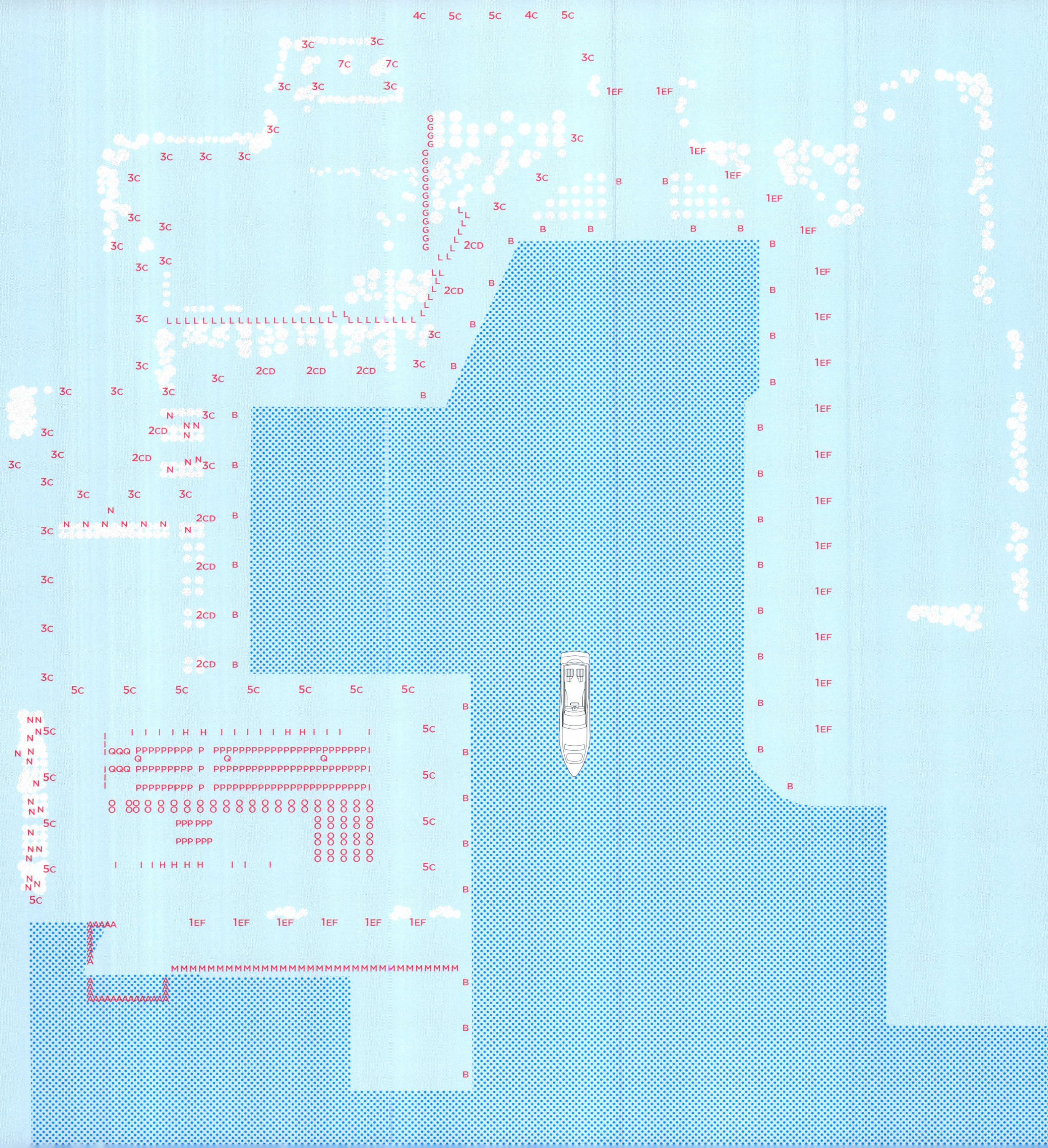

L'illuminazione degli spazi pubblici è stata realizzata utilizzando un grande numero di apparecchi al led, con il conseguente risparmio energetico di oltre 135.000 kWh annui. Le linee guida che hanno caratterizzato la progettazione illuminotecnica e successivamente le scelte realizzative, sono state il risparmio energetico e la riduzione delle emissione di CO_2. Questo è stato possibile con l'utilizzo di lampade a tecnologia led di ultima generazione, con lampade Cosmopolis CPO-TW e l'utilizzo dei regolatori di flusso direttamente integrati nell'apparecchio, che permettono di ottenere un risparmio energetico fino al 30-40% con il conseguente abbattimento di emissioni di CO_2. Per l'illuminazione delle banchine sono stati montati apparecchi a led su pali equipaggiati con quattro moduli da 6 led per un totale di 24 led ed una potenza di 69W. Il design pulito ed elegante ha permesso una collocazione discreta e non invasiva. La totalità del progetto illuminotecnico dell'Ex Arsenale è stato sviluppato con Philips, ad eccezione del progetto illuminotecnico per gli interni della Casa del Mare e delle Arcate del'Arsenale sviluppato con Guzzini / The lighting of public spaces was realized using a large number of led units that allow a yearly saving of energy greater than 135.000 kWh. The guide lines that characterized the lighting project and its successive realization were energy efficiency and reduction of CO_2 emissions. This was made possible by the use of new generation LED lamps, Cosmopolis CPO-TW lamps and integrated flux regulatory systems that permit a energetic saving of between 30-40% and a analogous lowering of carbon emissions. Wharf lighting was realized by mounting led devices onto posts each fitted with four modules of six, for a total of 24 LED and a potency of 69W. The clean and elegant design permitted a discreet and noninvasive placement. The complete illumination project of the ex-Arsenale was developed with Phillips, with the exception of the interiors of the House of the Sea and the Arsenale Arcades that were developed with Guzzini.

SUPPORTI / SUPPORTS

1 › PHILIPS Urbanscene: h 10 m; h1 9 m; 2br x 1,2 m, 4br x0,5 m
2 › PHILIPS Urbanscene: h 8 m; h1 6-7 m; 2br x 0,5 m
3 › PHILIPS Urbanscene: h 8 m; h1 7 m; 1br x 0,5 m
4 › PHILIPS Urbanscene: h 8 m; h1 7 m; 2br x 1,2 m
5 › PHILIPS Urbanscene: h 8 m; h1 7 m; 1br x 1,2 m
6 › PHILIPS Urbanscene: h 8 m; h1 7 m; 2br x 0,5 m

LAMPADE / LAMPS

A › PHILIPS Ledline
B › PHILIPS Urbanline BPP406 4 moduli lens array 69 w: h=6 m
C › PHILIPS Urbanscene medium pot CGP705 P1 con lampada CPO-TW60 w regolazione Lumistep
D › PHILIPS Urbanscene small pot CGP700 FG OOCP1 con lampada CPO-TW45 w
E › PHILIPS CGP700 FG ottica rotazionale 600 con lampada CDM-T150 w con filtri colorati
F › PHILIPS Urbanscene medium pot CGP705 FG OOCP1 con lampada CPO-TW90 w
G › PHILIPS Ledline2 BBS716 RGB WB60 modulo 0.60 m 24 led ad incasso
H › PHILIPS Ledflood recessed BBP743 AWB 9xled LIN
I › PHILIPS Ledflood recessed BBP743 AWB 9xled MB
L › PHILIPS Ledline2 BBS716 bianco caldo balcony WB60 modulo 0.60 m 24 led ad incasso
M › PHILIPS Ph Decoscene DPB521 1xCDM-Tm20 w WB + schermo radiale
N › PHILIPS Ph Ledflood recessed BBP743 RGB MB
O › PHILIPS Ph Decoscene DBP521 1xCDM-T35W/830 CON NB – ZPB521GF vetro smerigliato
P › PHILIPS Ph Ledflood Recessed BBP743 RGB LIN
Q › PHILIPS Ph Decoscene DBP521 1xCDM-Tm35W/830 CON WB + ZBF521 GF

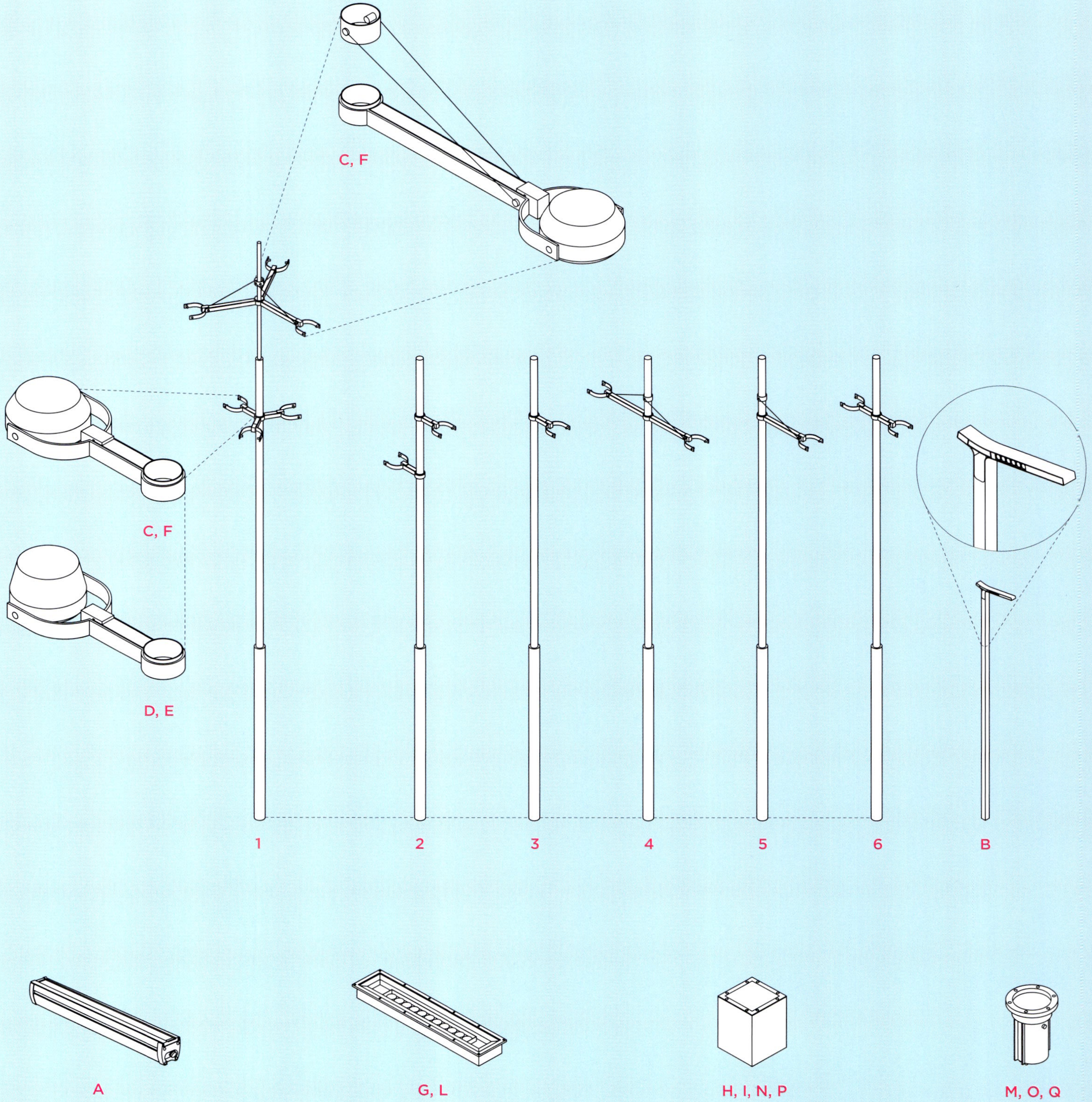

LIGHTING

DISEGNI DI / DRAWINGS BY SALOTTOBUONO

IN TEMPO REALE

di Michele Brunello

Se ogni progetto porta con se una storia, quello dell'Arsenale de La Maddalena è un poema epico scritto in presa diretta come un instant book. Sorprese, delusioni, arresti, miracoli, tradimenti, promesse, buoni che diventano cattivi e cattivi che diventano buoni, eroi ed eroine.
L'ambientazione è quella di un arcipelago di isole paradisiache nel cuore del Mediterraneo, primordiali e dure come il granito.La colonna sonora è il soffio del maestrale che tira a cinquanta nodi.
La storia, per noi, comincia all'inizio del 2008, con una serie di antefatti nelle grandi città italiane – Roma, Milano con qualche incursione a Cagliari - e l'incontro con alcuni personaggi principali di questa storia: alte cariche dello Stato che dispongono di strutture operative snelle, veloci e decisionali. Niente a che vedere con la committenza pubblica, tradizionalmente lenta, burocratica e complessa. Fu subito chiaro che il gioco sarebbe stato duro e rischioso: bonificare, recuperare, attrezzare e rilanciare i 15 ettari dell'Ex Arsenale de La Maddalena e l'Ex Ospedale Militare con l'improrogabile scadenza di 18 mesi per ospitare il Summit dei grandi della Terra a luglio 2009. Il G8 a La Maddalena.

Fin dalle prime battute chi ha mostrato titubanza e scetticismo, chi ha messo - seppur legittimamente - i propri interessi davanti all'obiettivo comune di vincere la sfida, si è autoescluso dal team di lavoro.
Il nostro gruppo di progettazione ha instaurato, fin dalle prime fasi operative, un metodo di progettazione "Just in time" nei confronti dei committenti.
Venivano elaborati una serie di progetti-tentativo per interpretare e mediare le richieste del presidente della Regione Renato Soru, che aveva dato visione generale e grandi incipit al progetto, oltre ad investire molte risorse nell'operazione. Allo stesso tempo il punto di riferimento di tutti era il Commissario Guido Bertolaso, rappresentante del Governo, ammiraglio di tutto ciò che era accaduto, stava accadendo e sarebbe accaduto. Infine il committente "operativo" era la Struttura di Missione, struttura tecnica e stazione appaltante che aveva la responsabilità del controllo e la verifica delle proposte che si elaboravano.
Senza ruoli operativi per il G8, ma non meno importanti, c'erano i Maddalenini che, rappresentati dal Sindaco, vedevano il Summit mondiale come un occasione per accelerare il rilan-

IN REAL TIME

by Michele Brunello

If every project has its own story, the one behind the Arsenale at La Maddalena is an epic poem written in direct transmission, as in an instant book.
Surprises, disappointments, standstills, miracles, betrayals, promises, good individuals that become bad and bad individuals that become good....heroes and heroines.
The setting is an archipelago of heavenly islands in the heart of the Mediterranean that are as primordial and as hard as granite. The soundtrack is the gust of the Mistral blowing at 50 knots.
For us, the story begins in the first days of 2008 with a series of meetings in important Italian cities – mostly Rome and Milan with an occasional episode in Cagliari – and of first acquaintances with several of the main characters in the story: high ranking Italian government officials with streamlined, fast decision-making and operational organisations at their disposal – radically different from the traditionally slow, bureaucratic and complex public clients.
It became immediately clear that the course would be difficult and risky: we were to reclaim, recover, equip and re-launch a 15-hectare area of the former Arsenale and Military Hospital in La Maddalena with the objective of hosting the 2009 G8 Summit in July.

From the start-off, those who showed hesitation or scepticism, or who, even legitimately, put their own interests before those of the common goal, automatically excluded themselves from the team.
Our studio put together, from the initial phases of the design work, a 'just in time' design method to tackle the client's requests. A series of experimental projects were drafted to interpret and mediate the requests made by Governor Renato Soru, the person who, in addition to having invested a large amount of the Region's resources in the operation, had provided the initial vision and driving force for the development of the project. Simultaneously, the point of reference for the endeavour was Commissioner Guido Bertolaso - government representative and commander-in-chief of everything that had, was and would happen. Finally, the 'operative' client was the Mission Unit, the contracting station and technical structure responsible for monitoring and assessing the elaborated proposals.
Concurrently there were the locals, the 'Maddalenini' who while not playing an operational role in the G8 Summit were

cio dell'isola di cui avevano tanto bisogno dopo la recente partenza degli Americani.
Frenesia e intenso modo di operare caratterizzavano non solo le relazioni fra queste importanti figure ma anche fra la moltitudine di consulenti coinvolti e studi professionali.
Con una committenza così complessa, nel corso di questi primi caleidoscopici mesi, avevamo instaurato un folle ma efficace sistema di sviluppo dei progetti. Pur mantenendo la base operativa a Milano, partecipavamo a due o tre riunioni settimanali a Roma di revisione e messa a punto dei progetti.
Accadeva che, usciti alle 14 da una riunione a Roma, si telefonava in studio a Milano dando le prime indicazioni su come procedere. Poi si prendeva l'aereo di ritorno e alle 18 si era di nuovo in studio a lavorare per preparare i materiali che dovevano essere pronti alle 8 di mattina del giorno seguente per poi ripartire per Roma. Una nuova riunione capitolina e alle 14 del giorno successivo la telefonata da Roma per indicare i successivi passi in avanti con revisione a Milano alle 18.
E via così. Non bastava fare, bisogna fare bene senza brutte copie, tutto doveva essere "pronto-subito e finito".
Dopo alcuni mesi di ping pong frenetico per lo sviluppo architettonico del progetto preliminare con continue verifiche tecniche sulle tempistiche, sul programma funzionale e sui costi, la strada progettuale era finalmente tracciata e condivisa.
Tutto procedeva come un treno in piena corsa, ma alcuni avvenimenti, come le elezioni politiche di aprile 2008 o le dichiarazioni di spostamento del G8 a Napoli contestualmente all'emergenza rifiuti, avevano influenzato l'iter del progetto creando rallentamenti, incertezze, brusche accelerazioni, cali di motivazione o entusiasmi sfrenati.
Ricordo che in occasione di una conferenza stampa del Governo, quando c'era il rischio che venisse spostato il Summit a Napoli, in studio a Milano, pareva di assistere alla finale dei mondiali di calcio. Trenta persone attorno a uno schermo che trasmetteva in streaming la conferenza in un silenzio assordante. Confermata la sede de La Maddalena dal Premier, un boato con brindisi, baci e abbracci.
Tuttavia a questa notizia ha fatto seguito un periodo di intenso lavoro e poche certezze a causa delle notizie contrastanti sul destino del summit. Questa fase si è prolungata fino al Maggio 2008, quando, all'unanimità, è stato approvato il progetto preliminare in conferenza di servizi.[1]
In brevissimo tempo alla conferenza di servizi è seguito il bando delle gare d'appalto.
Le imprese vincitrici si sarebbero assunte gli oneri e gli onori di sperimentare una nuova procedura di assegnazione e gestione delle opere, con l'impegno a produrre prima il progetto definitivo e poi quello esecutivo a cantiere già in corsa e l'impegno a lavorare su tre turni giornalieri compresi i festivi.
La quantità di persone coinvolte era enorme, tutte dovevano interagire nel modo più rapido ed efficace possibile. Non si poteva rischiare l'effetto "torre di Babele": diverse priorità, diversi codici e diversi interessi potevano portare a situazioni di incomunicabilità facendo perdere tempo prezioso al cantiere
La vera grande intuizione è arrivata da chi coordinava l'operazione.
La Protezione Civile e la Struttura di Missione concordavano sulla principale "regola del gioco": cuore e cervello dell'operazione si dovevano trasferire a La Maddalena.
Oltre alle centinaia di operai previsti (1600 nei momenti di maggior operatività), tutta la struttura tecnica e operativa delle imprese vincitrici (compresi i titolari), gli studi di progettazione, la Struttura di Missione al completo e interi nuclei operativi, con le magliette tricolori della Protezione Civile, si insediavano in brevissimo tempo sull'Isola.
La scelta è stata dettata certamente da ragioni operative, ma probabilmente anche dalla necessità di mantenere distanti certi ambienti politici invadenti e dalla volontà di fare arrivare sull'isola i decisori, in maniera tale che s'innamorassero del luogo e dei progetti vedendoli in prima persona.
Nel luglio 2008, il treno era ormai ripartito ad altissima velocità, il countdown era cominciato: 10 mesi sull'isola, fianco a fianco, gomito a gomito, per finire i lavori.
Il morale era altissimo, compiti e responsabilità erano stati ben

Rendering e disegni di sviluppo del progetto / Project development renderings and drawings

certainly no less important. Represented by their mayor, Angelo Comiti, the people of La Maddalena saw the international Summit as an opportunity to accelerate the much-needed re-launching of the island after the departure of the American Navy the previous winter.

A frenzied and intense operating mode characterised not only the relations between these different parties of reference, but also the multitude of consultants, institutions and professional offices involved.

During these initial, kaleidoscopic months we put together, for this complex set of "clients", a mad yet effective method for developing the projects. Although during this phase our operating base continued to be in Milan, we participated weekly in 2 or 3 meetings in Rome to review and fine-tune the projects.

Thus, after leaving a meeting in Rome at 2:00 pm, it became routine to call the studio in Milan with initial instructions on how to proceed. After returning by plane, by 6.00 pm we were back in the office preparing the materials that had to be ready for the next morning at 8:00 am - and then it was back to Rome again. Another meeting in the capital and at 2.00 pm the next day again the call from Rome to provide the next steps forward, for a review in Milan at 6:00 pm.

And so on. At the same time to work wasn't simply enough, it was necessary to work without 'draft copies', everything had to be instantly 'finished and final'.

After several months of this frenetic ping-pong aimed at the development of the preliminary architectural drawings – a process that included constant technical assessment of the time frames, operating schedules and costs involved - the project was finally outlined and agreed upon.

Although everything proceeded as if a train at full-speed, certain events like the political elections in April of 2008 or the press statements aout the possibilityof moving the G8 Summit to Naples in correlation with the city's waste emergency, influenced the project's itinerary and resulted in delays, uncertainties, sudden accelerations, declines in enthusiasm or uncontrolled fervour.

I remember one occasion during a press conference held by the government when the possibility of the moving the Summit to Naples was still in the air. The atmosphere in the office in Milan was that of a crowd participating in a World Cup football final. 30 people in deafening silence gathered around a screen streaming the conference. When the Italian Premier confirmed that the venue of La Maddalena, the crowd hollered and everyone kissed and hugged.

Nevertheless, this announcement was also followed by a period of intense work that did not lack uncertainty due, above all, to the contrasting news about the Summit's destiny. The phase lasted until the preliminary project was approved at the Interdepartmental Planning Conference of May 2008.[1]

Shortly after the official call for tenders was made.

The firms that were to be awarded the contracts would need to assume both the burdens and the honours to come from the experimental procedure determined for the appointment and management of the work; a process that included a commitment to producing the final architectural project and successive construction drawings simultaneously with a building site that would be already underway, and to working in continuous a 3 shift rotation that included holidays.

The quantity of people involved at this point was enormous and everyone had to interact as quickly and effectively as possible. No one could risk a 'tower of Babel effect': different priorities, different codes and different interests that could lead to incommunicability and thereby a waste of precious time at the building site. True great intuition came from the person who coordinated the operation. The Italian Civil Protection and the Mission Unit agreed on the 'rules of the game': the heart and brain of the operation would have to move to La Maddalena.

In addition to the hundreds of workers expected (1600 during peak phases), within a very short period of time the entire technical and operations structure of the firms that had been awarded the contracts (including the owners), the architecture studios, the complete Mission Unit and whole operations corps wearing the Civil Protection's red, white and green shirts, settled on the island.

definiti sin dall'arrivo a La Maddalena, ma in realtà i team di lavoro si affiancavano spesso per affrontare situazioni d'emergenza e scambiarsi competenze e specialità.
La Protezione Civile, sovraintendeva le operazioni e si occupava di tutti gli aspetti legati all'organizzazione del Summit da un punto di vista organizzativo, logistico e di definizione del programma e delle funzioni da ospitare.
La Struttura di Missione - oggi Unità Tecnica di Missione - oltre ad occuparsi degli aspetti legati ai cantieri, rendeva possibili gli avanzamenti negli iter burocratici delle opere connesse al G8 velocizzandoli con procedure tipiche degli interventi d'emergenza. Era inoltre, a livello operativo, l'interlocutore principale della Regione Sardegna, finanziatrice di gran parte delle opere.
Il Soggetto Attuatore[2], che disponeva dei fondi, si preoccupava invece di contenere i costi e di garantire nello stesso tempo la riuscita dell'operazione.
Le imprese invece erano soprattutto concentrate al rispetto delle tempistiche di cantiere. Tale obbiettivo era quotidianamente messo a repentaglio a causa della natura mutevole delle esigenze del summit e delle conseguenti necessità di spazi ogni volta differenti (prima G8, poi G12 poi G 15 etc etc)
E noi architetti?
disegni e, nello stesso tempo, una presenza continua nelle aree di progetto per verificare la validità delle soluzioni.
Il "modus operandi" innescava di frequente un cortocircuito in cui la realtà del cantiere correva più veloce dei modelli virtuali che realizzavamo, per testare e anticipare le scelte formali.
Spesso le soluzioni si trovavano in cantiere, dove gli inevitabili conflitti tra progettisti, imprese e committenti erano esasperati da una situazione di emergenza costante. Tuttavia, poiché il crono programma era la "bibbia" e la massima qualità era obiettivo comune, tutto veniva risolto in tempi brevissimi.
A scandire le tappe più importanti della vicenda, sono state le visite del Presidente della Repubblica, del Presidente Soru, delle delegazioni estere, del Commissario Bertolaso e del Presidente del Consiglio. La loro presenza nei luoghi del progetto, oltre a creare un clima di euforia, segnava tappe importanti e dava conferme per ripartire con rinnovata motivazione.
In questo clima frenetico e internazionale non bisogna dimenticare che il contesto era quello di un'isola di 12.000 residenti. La Maddalena e i suoi Maddalenini, dopo circa 100 anni di presenza militare, avevano adesso l'opportunità di entrare in una corsia preferenziale che li portava diritti verso un futuro ricco di nuove opportunità.[3]

Stefano Boeri e noi dello "Studio de La Maddalena", progettavamo "in prima linea". Le migliori soluzioni architettoniche elaborate, erano rapidamente testate e rese esecutive in collaborazione con impresa e fornitori e nello stesso tempo affiancavamo i vari soggetti nella produzione di materiali diversi: video di presentazione per le delegazioni straniere, materiali utili alle riunioni di coordinamento, progetti di fattibilità per il recupero dei forti dell' Arcipelago, progetti di massima per il nuovo Waterfront cittadino e, in collaborazione con studi sardi, abbiamo lavorato ad una grande operazione di edilizia residenziale pubblica.
Tuttavia per coloro che hanno lavorato al progetto del Summit, il vero "core business" era il cantiere.
Per noi dello studio questo significava una gestione del progetto "in corso d'opera", e visto che i lavori procedevano giorno e notte su tre turni, si rendeva necessaria la produzione istantanea di
Tutti i soggetti, nell'isola erano partecipi dei cambiamenti e nell'aprile 2009 era visibile il traguardo.
Dopo molte difficoltà, gli edifici dell'Arsenale e l'ex Ospedale cominciavano a vedersi nella loro forma finale, erano in partenza gli altri progetti per la città e si erano prenotate le navi da crociera e gli alberghi per ospitare le delegazioni.
E poi... arrivò la "notizia": il G8 si sarebbe tenuto all'Aquila.

È inutile dire che una profonda delusione coinvolse le migliaia di persone entrate in contatto con La Maddalena e i suoi cantieri.
Appresa la "notizia", si rimase disorientati al pensiero che un anno di vita e di duro lavoro non avrebbero potuto avere la loro giusta conclusione; ma dopo l'inaspettata battuta d'arresto, ci fu il tempo per rendersi conto dell'eccezionalità di quanto realizzato.
Per una grande quantità di persone, questo progetto rappresen-

The choice was certainly determined for operational reasons, but probably also by the need to keep the interference of certain political circles at a distance and by the will to bring the decision-makers to the island so they could fall in love with the location and the projects by seeing them first hand.
The train started out again in July 2008 at such a high speed that stopping it would have resulted in derailment - the countdown had begun: 10 months on the island - side by side, elbow to elbow - to complete the work.
The morale was high. Although tasks and responsibilities had been well defined upon arrival to the island, in all truth, the work teams often supported each other in order to deal with emergency situations and exchange abilities and expertise.
In addition to supervising the operations, the Department for Civil Protection took care of all aspects tied to organising the Summit in terms of logistics, organisation and definition of the schedule and the functions that needed hosting.
The Mission Unit – since then renamed Technical Mission Unit – apart from supervising the construction sites, made it possible to move the work connected to the G8 Summit quickly through the bureaucratic procedures by implementing the standard measures for emergency situations. It was also, at different groups in the production of audiovisual material: video presentations for foreign delegations, visual materials useful for coordination meetings, feasibility projects for the recovery of the archipelago's forts, preliminary projects for the new civic waterfront and, in collaboration with a series of Sardinian studios, we worked on a large initiative of social housing.
Nevertheless, for all of those who worked on the Summit project, the real "core business", was the building site.
For our studio this meant an on-the-run type of management vis-à-vis the project and because the construction continued incessantly both day and night, it became necessary to adopt a system of instant production of drawings and at the same time a continuous presence on the site to verify the validity of the solutions that had been found.
The "modus operandi" frequently produced short circuits in which the reality of the construction site ran faster that the virtual models that were produced to test and anticipate particular formal choices.
Often, solutions were found at the construction site where the inevitable conflicts between architects, construction companies and clients became exasperated by the situation of constant emergency.

an operational level, the project's principle interlocutor to the Region of Sardinia, financer of large part of the works.
The Implementing Entity[2] in charge of managing the funds took care of curbing costs and gave assurance that the operation would be successful.
The firms were above all concentrated on respecting the timeframes established to realise the work, a goal that was jeopardised daily due to the changing nature of the Summit needs and the subsequent different space requirements (first G8, then G12 and G15, etc., etc.).
And what about us architects? Stefano Boeri and we, of the "La Maddalena Studio", designed on the "front line".
The best architectural solutions were quickly tested and transformed into construction drawings in close collaboration with the construction companies and providers. We also flanked the However due to the fact that the chronogram was the "bible" and maximum quality a common goal everything was usually resolved very quickly.
Significant impetus was given by the visits of the President of the Republic, Girogio Napolitano, Governor Soru, foreign delegations, Commissioner Bertolaso and Prime Minister Silvio Berlusconi. Their presence, besides creating a climate of euphoria, marked important phases within the process and confirmed the will to carry on with renewed enthusiasm.
Within this frenetic atmosphere it is important not to forget that the context included an island of 12.000 residents. La Maddalena and its inhabitants, after almost 100 years of military presence, finally had the occasion of entering a preferential track that led straight into a future rich with new opportunities.[3]

tava più della semplice organizzazione del Summit; era la scoperta di un modello di efficienza made in Italy unico; era la percezione di lavorare all'interno di un sistema che partecipava alle scelte e che riusciva a realizzarle oltre che a prometterle.
Eravamo lentamente pervasi da una nuova euforia, più pacata ed intima: eravamo consci che chiunque fosse passato da La Maddalena si sarebbe subito accorto di cosa era stato realizzato.
L'evento era stato cancellato, ma nessuno avrebbe potuto cancellare quello che oramai, a fine maggio, era stato completato. L'Arsenale di La Maddalena era rinato e aspettava solo di essere restituito ufficialmente alla sua isola e alla sua storia.
Questo momento arrivò il 12 settembre, con l'apertura delle porte dell'Arsenale, due giorni dopo che gli edifici avevano ospitato il primo Summit internazionale Italia-Spagna. Noi eravamo nuovamente tutti lì, per rincontrarci e salutare l'isola.
Guardando i famosi ritratti delle persone che hanno costruito in quattro mesi il Crystal Palace, la Tour Eiffel in meno di due anni o l'Empire State Building in soli 14 mesi, mi accorgo che sguardi e sorrisi comunicano eroismo, dignità, fierezza e partecipazione a qualcosa di più grande e più importante dell'opera stessa.
Gli stessi sguardi e gli stessi sorrisi li ho rivisti il giorno dell'inaugurazione dell'Arsenale, fra le centinaia di persone con cui avevamo partecipato al progetto.

1. La Conferenza di Servizi è un istituto della legislazione italiana di semplificazione amministrativa dell'attività della pubblica amministrazione, volta ad acquisire autorizzazioni, atti, licenze, permessi e nulla-osta comunque denominati mediante convocazione di apposite riunioni collegiali, i cui termini sono espressamente disposti dalla normativa vigente (Legge 241/90 e s.m.i.). Le determinazioni della Conferenza di Servizi si sostituiscono alle autorizzazioni finali ed hanno lo scopo di velocizzare la conclusione di un procedimento amministrativo, ad esclusione di concessioni edilizie, permessi di costruire e DIA. Fonte: Wikipedia
Oltre ai progetti di Stefano Boeri Architetti, studio coinvolto nella vicenda fin dai sui inizi, coordinati dalla Struttura di Missione sono andati in conferenza di Servizi i progetti dell'Arch. Gabriele Napolitano che si curava della zona ad Est dell'Arsenale, che per il G8 sarebbe stata dedicata alla stampa, dell'Arch. Facchini che si occupava del recupero dell'ex-Ospedale Militare per trasformarlo in Hotel, dell'Arch. Zampolini che si occupava del recupero della caserma Faravelli e di Vams Ingegneria che si occupava della nuova portualità dell'Arsenale.
2. Amministrazione o Ente designato dall'autorità nazionale responsabile dell'intervento alla realizzazione di specifici sottoprogrammi e/o misure. E' il soggetto deputato dal finanziatore come realizzatore/erogatore di un progetto. Può essere lo stesso promotore o soggetto da esso delegato. Fonte: glossarlo dei termini comunitari della Regione Sardegna
3. Il Comune ha cercato di far partire quanti più progetti utili alla città, sulla base di promesse che avrebbero dovuto includere nel "corridoio accelerato" del G8 alcune opere pubbliche fondamentali per l'isola oltre all'Arsenale e all'ex Ospedale Militare che erano in fase di realizzazione. Se alcuni di questi progetti sono andati a buon fine, come il rifacimento del ponte per Caprera, l'ammodernamento del Pronto Soccorso Cittadino e il Nuovo Depuratore, altre opere fondamentali hanno un futuro ancora incerto, come il recupero del Waterfront del centro Storico e alcuni interventi di edilizia residenziale pubblica.

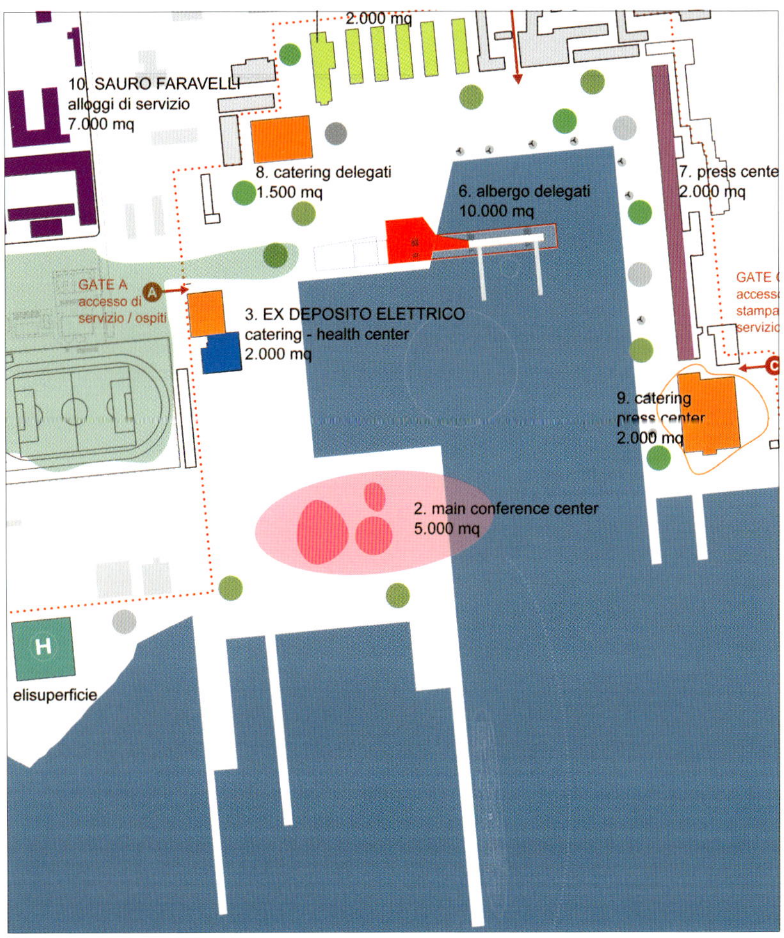

03/02/2008

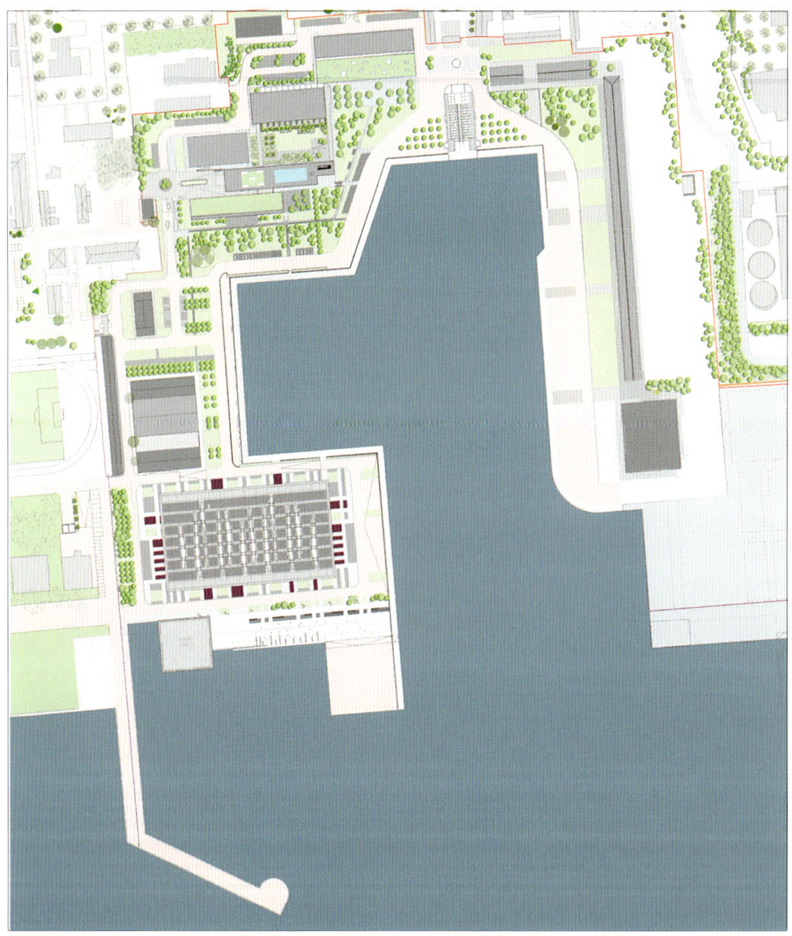
20/12/2008

Everyone on the island was part, in one way or another, of the changes that were taking place and in April of 2009 the finishing post was visible at last.
After a great number of difficulties the buildings of the ex Arsenale and the ex Hospital were discernible in what was to be their final form; other projects for the town were also under way and the cruise ships and hotels that were to host the delegations had been reserved.
And then… the "news" arrived: the G8 would be held at L'Aquila.

It's useless to say that a profound sentiment of disillusion swept through the thousands of people that had entered into contact with La Maddalena and its construction sites.
Having understood the news we remained disoriented by the thought of the year of hard work that would not have its just conclusion. And yet, after this unexpected moment of immobility, we were also able to grasp the exceptionality of what we had accomplished.
For a large number of people the project represented more than the organisation of the Summit; it was the discovery of a unique model of efficiency "Made in Italy"; it was the perception of working within a system that participated in the choices and was able to implement those choices rather than only promising them. A new kind of euphoria, more sober and intimate, began to slowly pervade. We were conscious that whoever passed by La Maddalena would immediately understand what had been achieved. The event had been cancelled yet no one could cancel that which now, at the end of May, was complete. The Arsenal of La Maddalena had been reborn and waited only to be officially restored to its island and its history.
The moment arrived on the 12th of September with the opening of the gates of the Arsenale, only two days after the buildings hosted their first international Italy-Spain bi-lateral. We were once again all present, to get together and salute the island.
Looking at the now famous pictures of the teams who in only four months built the Crystal Palace, in less than two years constructed the Eiffel Tower or in only 14 months erected the Empire State Building, I realise that their gazes and smiles communicate heroism, dignity and pride in having participated in something that is larger than the actual edifice.
They are the same gazes and the same smiles that I saw among the hundreds of people who participated in the project on the day of inauguration.

1. The Interdepartmental Planning Conference (Conferenza di Servizi) is a legal institution of the Italian legislation aimed at simplifying the legal itinerary of determined administrative activities, such as authorizations, acts, licenses and permits. These activities are agreed upon in collegial meetings whose terms are expressly defined by the law (Law 241/90 e s.m.i.). The determinations agreed upon by Interdepartmental Planning Conference substitute final authorizations and have the goal of speeding up the conclusion of an administrative procedure, and can be issued regularly with the exclusion of concessions and construction permits. Source: Wikipedia.
Besides the projects of Stefano Boeri Architetti, studio involved in the proceedings from the beginning and coordinated by the Mission Unit the following projects were also subject to Interdepartmental Planning Conferences: Architect Gabriele Napolitano's project for the eastern zone of the Arsenal and dedicated to the press during the Summit; Architect Facchini's project for the recovery of the ex Military Hospital as Hotel during and after the Summit; Architect Zampolini's project for the recovery of the Faravelli barracks and Vams Engineering's project for the Arsenal port.
2. (Soggetto Attuatore) Administration or entity designated by the national authority as responsible of the construction or realization of specific programs or measures. It is the entity esteemed responsible by the financer as the constructor and supplier of a project. It can be both promoter and delegated subject. Source: glossary of community terms of the Region of Sardinia.
3. The municipality tried to start up as many projects as possible for the town of La Maddalena based on the promise that several public works that were already under way, apart from the Arsenal and the ex Military Hospital, would be included within the "fast-track" that had been activated for the G8. Even though some of these projects were successfully completed, such as the rebuilding of the Caprera Bridge, the modernization of the Public ER building or the new Water Purifier, other fundamental works are still uncertain, as is the case of the recovery of the waterfront within the historical center or and several public housing interventions.

CRONODIAGRAMMA CHRONO-DIAGRAM

cronostoria di cantiere

giu.2007 lug.2007 ago.2007 set.2007 ott.2007 nov.2007 dic.2007 gen.2008 feb. 2008 mar. 2008 apr. 2008 mag.2008

- accantieramento
- demolizioni e consolidamenti/*demolitions and stabilization*
- acquisizione aree/ *acquisitions*

cronostoria di progetto

jun.2007 jul.2007 aug.2007 sep.2007 oct.2007 nov.2007 dec.2007 jan. 2008 feb. 2008 mar. 2008 apr. 2008 may 2008

STUDIO DI FATTIBILITA' / FEASIBILITY STUDY

- stefano boeri architetti, mario cucinella architects, daniela antonucci architetto
- stefano boeri architetti, mario cucinella architects

DIPARTIMENTO PROTEZIONE CIVILE / DEPARTMENT FOR CIVIL PROTECTION

PROGETTO PRELIMINARE / PRELIMINARY PROJECT

- L4: stefano boeri architetti — maddalena s.c.a.r.l.
- L5: stefano boeri architetti — arsenale s.c.a.r.l.
- L6: architetto gabriele napolitano — imatec s.c.a.r.l.
- L7: VAMS ingegneria — impresa pietro cidonio s.r.l.

STRUTTURA DI MISSIONE / MISSION UNIT

DIPARTIMENTO PROTEZIONE CIVILE / DEPARTMENT FOR CIVIL PROTECTI

cronostoria mediatiatica

15 jun. I potenti della terra a La Maddalena/*The earth's powerful to meet at La Maddalena*

30 jul. La nave d'appoggio americana lascia Santo Stefano/*The last American support ship leaves Santo Stefano.*

17 18 nov. G20 Capetown South Africa

24 jan. Dimissioni di Romano Prodi dalla Presidenza del Consiglio / *Romano Prodi resigns as Prime Minister*

28 jan. Rifiuti a Napoli: dichiarata l'emergenza/ Garbage emergency declared in Naples

2 feb. L'ultimo distaccamento della base americana lascia La Maddalena/ *Last American battalion leaves La Maddalena.*

13-14 apr. Elezioni politiche italiane/*Italian political elections*

7 may. IV governo Berlusconi/ *Start of 4th Berlusconi government*

5 may. Appalti al rallentatore, vacilla il G8 di Soru/ Contracting slowed down, Soru's G8 wavers

8 may. OK ai progetti: cantieri aperti tra venti giorni/*Projects approved, construction to begin in 20 days*

11 may. Gli interventi di bonifica hanno ottenuto il si da Roma/ *Decontamination interventions receive Rome approval.*

18 may. A rischio G8 di La Maddalena, cantieri fermi/ *G8 at risk, work stops.*

21 may. Berlusconi: a Bertolaso la gestione dell'emergenza rifiuti a Napoli/*Bertolaso to head the Naples garbage emergency*

24 may. Berlusconi: ipotesi campana per il Summit / *Naples hypothesis for Summit*

cronostoria legislativa

20 sep. 2007

La Presidenza italiana del G8, ricoperta dal 1° gennaio 2009 al 31 dicembre 2009, e tutte le manifestazioni e gli incontri ad essa connessi che si terranno nello stesso periodo sono dichiarati «grande evento». (Provvedimento DPCM emergenza del 21-09-2007, G.U. n.222 del 24-09-2007) / *The italian G8 presidency, a period that extends from January 1st to December 31st 2009, and all its connected manifestations and meetings are declared part of the «great event». (DPCM emergency measure of 21-09-2007, G.U. n.222 of 24-09-2007)*

20 nov. 2007

Il Capo del Dipartimento della Protezione Civile della Presidenza del Consiglio dei Ministri, Guido Bertolaso, è nominato Commissario delegato e provvede al coordinamento di tutti gli interventi e le iniziative correlate al «grande evento». (Ordinanza del 20-11-2007 G.U. n.274 del 24-11-2007) / *The head of the Department of Civil Protection, Guido Bertolaso, is nominated Commissioner in charge of all the activities related to the «great event». (Writ of the 20-11-2007 G.U. n.274 del 24-11-2007).*

20 nov. 2007

Disposizioni Urgenti per lo svolgimento del "Grande Evento della Presidenza Italiana del G8" - OPCM 3629/ *Urgent provisions for the development of the "Great Event of the G8 Italian Presidency" - OPCM 3629.*

19 mar. 2008

Chiusura del bando di gara e affidamento in concessione dei lavori all'ex Arsenale de La Maddalena/ *Closing of call for tenders and for the realization of infrastructure connected to the event.*

7 may 2007, Roma

Conferenza dei Servizi/ Interdepartmental Planning Conference

Oggetto: Progetto Preliminare Palazzo Conferenza, Area Delegati, Residenze Forte Carlo Felice e dell'Arsenale, Area Stampa e Servizi di Supporto, Adeguamento portualità e ricettività marittima./ *Object: Preliminary project Conference center, Delegates Area, Forte Carlo Felice and Arsenale Residences, Press area and Support areas, Port adjustments, naval accomodation.*

giu.2008 lug.2008 ago.2008 set.2008 ott.2008 nov.2008 dic.2008 gen.20

impianti/ *wiring system*

sistemazioni esterne/ *external arrangements*

opere edilizie/ *construction*

bonifica delle terre/ *land reclamation*

nstruction site organization

jun.2008 jul.2008 aug.2008 sep.2008 oct.2008 nov.2008 dec.2008 jan.20

PROGETTO DEFINITIVO / FINAL PROJECT

L4	stefano boeri architetti maddalena s.c.a.r.l.
L5	stefano boeri architetti arsenale s.c.a.r.l.
L6	architetto gabriele napolitano imatec s.c.a.r.l.
L7	VAMS ingegneria impresa pietro cidonio s.r.l.

STRUTTURA DI MISSIONE / MISSION UNIT

DIPARTIMENTO PROTEZIONE CIVILE / DEPARTMENT FOR CIVIL PROTECTION

ADEGUAMENTO PROGETTO / ADJUSTMENT PROJECT

L4	stefano boeri architetti maddalena s.c.a.r.l.
L5	stefano boeri architetti arsenale s.c.a.r.l.
L6	architetto gabriele napolitano imatec s.c.a.r.l.
L7	VAMS ingegneria impresa pietro cidonio s.r.l.

STRUTTURA DI MISSIONE / MISSION UNIT

DIPARTIMENTO PROTEZIONE CIVILE / DEPARTMENT FOR CIVIL PROTECTION

7-9 jul. G8 Toyako Japan

08-09 nov. G20 Sao Paulo, Brazil

14-15 nov. G20 Washington, USA

25 nov. Dimissione di Renato Soru da presidente della giunta regionale/ *Renato Soru resigns as governor of Sardinia*

27 jun. Berlusconi: a La Maddalena un G8 ecologico / *an ecological G8 at La Maddalena*

10 jul. Berlusconi: Dubbi su La Maddalena, valutiamo altre opzioni/ Doubts about La Maddalena, let's evaluate other options

12 jul. Calderoli: il G8 a Milano? ottima idea/ *G8 in Milan? Great idea*

19jul. Berlusconi: G8 in crociera: inizio in Sardegna, finale a Napoli/*G8 on a cruise ship: start in Sardegna, end in Naples.*

22 aug. Napolitano: Nessun dubbio sul G8 a La Maddalena/ *No doubts about the G8 at La Maddalena*

2 oct. Berlusconi: il G8 italiano diventerà G14, due navi per andare a Napoli / *the italian G8 will become a G14, two ships to go to Naples*

9 oct. Frattini: il G8 rimane a La Maddalena/ *The G8 stays in La Maddalena*

13 nov. Berlusconi: ora che c'è Obama il G8 va portato a Napoli/ *Now that Obama has been elected the G8 should be moved to Naples*

15 nov. Berlusconi: il G8 a La Maddalena fa paura, tutti a casa mia/ *the G8 at La Maddalena is frightening, everyone to my house*

20 dec. Tagli della finanziaria al bilancio della protezione civile. Bertolaso: "pochi fondi, mi dimetto" / *Budget cuts, Bertolaso: less funds and I resign.*

28 jun. Visita del Presidente del Consiglio Silvio Berlusconi/ *Prime Minister Berlusconi visits the site.*

14 jul. Apertura del cantiere di bonifica/ *Process of decontamination begins.*

18 jul. Associazioni ambientaliste approvano il progetto / Environmental associations approve project.

13 aug. Varato il decreto "grandi eventi"/ *"Grand event" decree launched*

19 aug. A La Maddalena, scontro dopo l'addio USA, il sindaco sfratta la Marina italiana/ *La Maddalena, confrontation after US goodbye, the mayor evicts Italian Navy.*

20 aug. Visita del Presidente della Repubblica Giorgio Napolitano/ *President Giorgio Napolitano visits the site*

14 nov. La regione concede il via libera ambientale a tutte le opere/ *Regional environmental approval for all projects.*

4 dec. Presentazione del G8 di La Maddalena alle terme di Diocleziano/ *Official presentation of the project at the terms of Diocleziano.*

19 dec. Presentata la nave alta 23 piani/ *23 floor ship presented* Arrivano i primi fondi per le grandi opere/ First investements project investments arrive.

24 dec. Decreto per appalti e assegnazioni d'urgenza /*Decree for urgency contracts and assignments approved*

11 ja Ele Sar par Sor Ber *Sar ele Sor Ber cha beg*

28 may 2008, Roma
Conferenza dei Servizi/ Interdepartmental Planning Conference

Oggetto: Adeguamento e ricettività marittima, riqualificazione Caserme Sauro e Faravelli. / *Object: Port adjustments and accomodation, requalification of Sauro and Faravelli barracks.*

12 jul. 2008, Roma
Conferenza dei Servizi/ Interdepartmental Planning Conference

Oggetto: 1a SEDUTA del Piano di bonifica dell'Arsenale. Presentazione del Piano di Caratterizzazione dell'Area a terra Arsenale Militare e del Piano di Bonifica dell'Area a terra Arsenale Militare; approvazione con armonizzazione delle prescrizioni operative. /*Object: 1st meeting land reclamation plan: presentation of the characterization and decontamination plans for the Military Arsenale; approval binded to the inclusion of certain operational prescriptions.*

8 aug. 2008, Roma
Conferenza dei Serizi/ Interdepartmental Planning Conference

Oggetto: 2a SEDUTA piano di bonifica dell'Arsenale. Approvazione esecuzione Bonifica dell'Area a terra; avviamento dell'attività di consegna delle Aree bonificate; approvazione integrazione bonifica fronte a mare area Main Conference. *Object: 2nd Land Reclamation Plan meeting: approval execution of land reclamation; start of activities of consignment of areas to be reclaimed; approval of intergration of area in front of Main Conference Center.*

28 nov. 2008, Roma
Conferenza dei Servizi/ Interdepartmental Planning Conference

Oggetto: 3a SEDUTA piano di bonifica dell'Arsenale. Consegna della relazione finale di bonifica; presentazione del documento di Caratterizzazione del bacino portuale dell'Arsenale, del progetto per una nuova Vasca di colmata e delle linee guida per la bonifica definitiva-post G8./ *Object: 3nd Land Reclamation Plan meeting. Delivery of Land Reclamation reports; presentation of the document of characterization of Arsenale basin, the project for a new overfill basin and of the guide lines for definitive post G8 reclamation.*

19 dec. 2008, Roma
Conferenza dei Serizi/ Interdepartmental Planning Conference

Oggetto: Attività di bonifica, a terra e a mare, di adeguamento della portualità marittima del sito "Ex Arsenale nel Comune di La Maddalena"
Object: Sea and land reclamation and port adaptation activities on the ex Arsenale La Maddalena area.

28 j Cor Ogg Cara di ca Mad riqu della Gra Mor Cap oop acti risk

gen.2009 | feb.2009 | mar.2009 | apr.2009

finiture/ *finish*

arredo/ *furnishings*

bonifica delle acque/ *water reclamation*

impianti/ *wiring system*

sistemazioni esterne/ *external arrangements*

opere edilizie/ *construction*

jan.2009 | feb. 2009 | mar.2009 | apr. 2009

OJECT

L PROTECTION

PROGETTO ESECUTIVO / EXECUTIVE PROJECT

L4 — stefano boeri architetti / maddalena s.c.a.r.l.

L5 — stefano boeri architetti / arsenale s.c.a.r.l.

L6 — architetto gabriele napolitano / imatec s.c.a.r.l.

L7 — VAMS ingegneria / impresa pietro cidonio s.r.l.

verde — arch. emanuela borio - arch. laura gatti

STRUTTURA DI MISSIONE / MISSION UNIT

DIPARTIMENTO PROTEZIONE CIVILE / DEPARTMENT FOR CIVIL PROTECTION

13-14 feb. G7 Financial Summit Rome, Italy

15-16 feb. Elezioni regionali sarde, eletto Ugo Cappellacci presidente della Regione Sardegna/ *Sardinian regional elections Ugo Cappellacci is elected governor of Sardinia*

19 mar. G8 Farmers' Union Summit Rome, Italy

29-31 mar. G8 Work Summit Rome, Italy

01-02 apr. G20 London UK

18-20 apr. G8 Agricultural Summit Treviso, Italy

22-24 apr. G8 Environment Summit Siracusa, Italy

23-24 apr. G8 Business Summit Cagliari, Italy

anziaria
lla
vile.
ochi
etto" /

ss funds

5 mar. Imprenditori Sardi cercano soluzione per non essere svantaggiate nelle gare d'appalto/ *Sardinian companies demand equal opportunity in call for tenders.*

20 mar. La UE: norme ambientali violate a La Maddalena. Italia: tutto ok con le norme ambientali/ *EU warns against violated norms; Italy: everything ok with environmental regulations.*

2 apr. Bertolaso sulle violazioni ambientali: "è tutto sotto controllo"/ *On environmental violations, "everything under control"*

6 apr. Terremoto a L'Aquila/ *Earthquake at L'Aquila*

8 apr. Berlusconi: "people first", ricostruzione in tempi rapidi e certi /*"People first", certain and fast reconstruction*

9 apr. Se non arrivano i soldi stop ai lavori, Berlusconi guarda al modello G8 per le procedure di ricostruzione/ *Work to stop if funds do not arrive.* Berlusconi looks to the G8 model for reconstruction procedures.

10 apr. Indipendentisti: no al G8, ci sarà il controvertice/ *Sardinian nationalists: no to the G8, there will be a anti-summit.*

19 apr. G8, albergatori sardi in rivolta: "niente ospitalità ai diplomatici"/ *G8 sardinian hotel owners in revolt: there will no hospitality for diplomats.*

24 apr. Berlusconi: il G8 a L'Aquila/ *G8 to be held at L'Aquila*

25 apr. Cappellacci: nell'isola avanti tutto come se nulla fosse/ *on the island everything goes on as though nothing had happened*

Berlusconi: a La Maddalena problemi logistici e di sicurezza / *at La Maddalena logistic and security.*

ec.
eto per
alti e
gnazioni
genza
cree for
ncy
racts and
nments
oved

11 jan. Elezioni Sardegna: parte sfida tra Soru e Berlusconi/ *Sardinian elections: Soru-Berlusconi challenge begins*

12 jan. Inizio delle visite delle delegazioni dei paesi partecipanti al Summit/ *Delegations of G8 summit countries begin inspection visits.*

2 feb. Il governo assicura il finanzimento per gli interventi in Sardegna/ *Government assures financing for interventions in Sardinia*

8 feb. Alla protezione civile c'è già il decreto per le opere urgenti/ *Decrees for urgency present at Department for Civil Protection*

14-15 feb. Possibilità di portare i Giganti di Monte Prana o i Bronzi di Riace a La Maddalena per il vertice/ Possibility of bringing the *Giants of Monte Prana or the Bronzi di Riace to La Maddalena* for the summit

23 mar. Verifica dei commissari sulle gestioni straordinarie/ *Commissioners visit to verify state of processes.*

24 mar. Giallo sul canone che Mita Resort deve versare annualmente alla regione/ *Mystery about fees to be payed out by future administrators.*

1 apr. I grandi restano senza nave/ *Not enough ships for G8 summit alternative*

14 apr. Visita del Presidente del Consiglio Silvio Berlusconi/ *Prime Minister Berlusconi visits the site.*

15 apr. Dopo l'assegnazione della gestione dell'ex Arsenale: due aziende galluresi ricorrono al Tar/ *Two local companies recur to tribunals after the assignation of administration.*

22 apr. Fine delle visite delle delegazioni dei paesi partecipanti al Summit/ End of *delegation inspection rounds of G8 summit countries.*

part-
terra e
x
on and
e ex

28 jan. 2009, La Maddalena
Conferenza dei Serizi/ Interdepartmental Planning Conference

Oggetto: 1. Progetto nuova Vasca di colmata in Località Punta Moneta - Arsenale La Maddalena. 2. Caratterizzazione dell'area marino-costiera da Punta Moneta a Ponte Caprera - integrazione al piano di caratterizzazione ambientale dei fondali dell'area marina antistante l'ex Arsenale nel Comune di La Maddalena. 3. Varie ed eventuali: documenti presentati da Ispra su "Attività di bonifica preliminari alla riqualificazione dell'Area ex Arsenale per il Grande Evento G8; analisi di rischio inerente l'integrazione della caratterizzazione" e "Attività di bonifica preliminari riqualificazione dell'Area ex Arsenale per il Grande Evento G8; analisi di rischio Area Moli. *Object: 1. Project for a new overfill basin at Punta Moneta - Arsenale La Maddalena. 2. Charaterization of the coastal area from Punta Moneta to Ponte Caprera - integration to the plan for environmental characterization of the sea bed of the area ooposite the ex Arsenale. 3. Various: document presentation relative to preliminary reclamation activities; risk analysis relative to the integration of characterization and land and sea reclamation; risk analysis of the dock areas.*

9 jan. 2009, Roma
Conferenza dei Servizi/ Interdepartmental Planning Conference

Oggetto: Progetto per la realizzazione delle lineee MT in cavo interrato da C.P. Palau per alimentazione Grande Evento G8./ *Object: Project for the realization of underground MT lines from C.P. Palau for wiring of the Great Event G8.*

23 mar. 2009, La Maddalena
Conferenza dei Servizi/ Interdepartmental Planning Conference

Oggetto: Residenza del Forte Carlo Felice, Palazzo della Conferenza e Area Delegati, Residenza dell'Arsenale Area stampa e servizi di supporto, Adeguamento e ricettività marittima, Lavori reti idriche, fognature e depuratore nel Comune di La Maddalena, Nuovo ponte di collegamento tra l'Isola di La Maddalena e l'Isola di Caprera. / *Object: Forte Carlo Felice Residence, Main Conference Building and Delegates area, Press area and services area, Port and accomodation adjustments, Water line, sewerage and purifier works within the Municipality of La Maddalena, New bridge between the islands of La Maddalena and Caprera.*

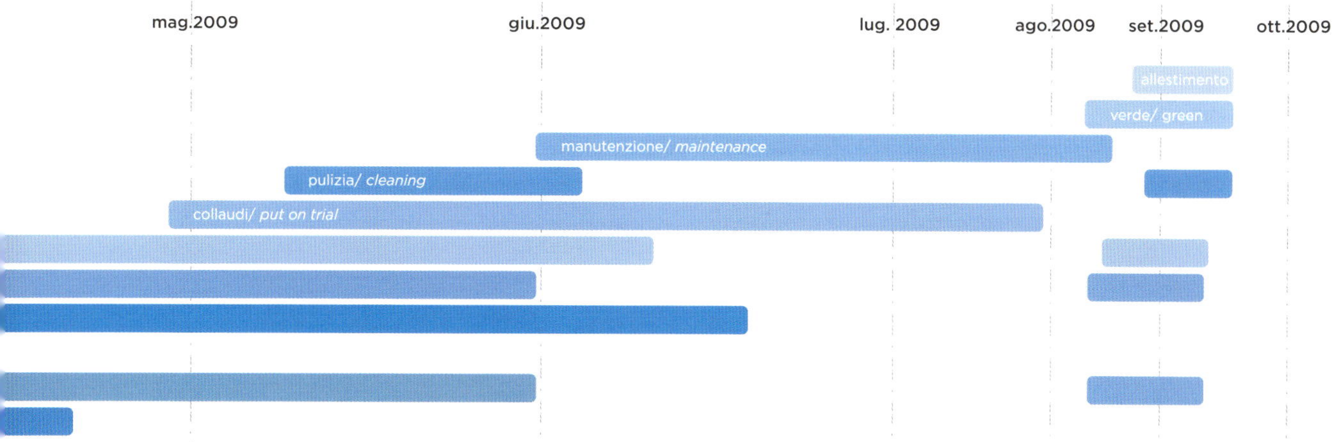

may 2009 | jun.2009 | jul.2009 | aug.2009 | sep.2009 | oct.2009

4-5 may G8 Civil Summit Rome, Italy

8-9 may. G8 University Student's Summit Palermo, Italy

18-19 may. G8 University Summit Torino, Italy

24-25 may. G8 Energy Summit Rome - Italy

29-30 may. G8 Justice Summit Rome, Italy

6 jun. elezioni europee/ European elections

11-12 jun. G8 Development Summit Rome - Italy 2009 06

12-13 jun. G8 Financial Summit Lecce, Italy

25-27 jun. G8 Foreign Affairs Summit Trieste, Italy

2-3 jul. G8 Young Industrialists Summit Stresa, Italy

08-10 jul. G8 Summit L'Aquila - Italy

10 sept. Italy-Spain Summit La Maddalena, Italy

24-25 sept. G20 Pittsburgh USA

26 apr.
Cappellacci: il premier me l'ha promesso le opere saranno completate/ *the prime minister has promised me that the buildings will be completed*

Imprenditori sardi: chiediamo un risarcimento/ *Sardinian entrepeneurs demand compensation.*

5 jun.
In 400 su facebook: non votiamo alle Europee, protesta contro lo spostamento/ *400 on facebook: no show in EU elections vote as protest against moving the G8 summit.*

28 apr.
Pubblicazione decreto legge 39 in favore delle popolazioni abruzzesi/ *Approved decree n.39 favoring Abbruzzese population.*

21 may.
Approvato decreto legge 39/2009: prevede il completamento dell'opere previste a spese della regione e degli enti locali sardi/ *Decree 39/2009 approved: enables the completion of works foreseen for Sardinia.*

31 may.
Consegna dei lavori in attesa dei progetti del futuro gestore/ *Construction works completed.*

22 jun.
Alberghi e circoli velici caratterizzano La Maddalena senza G8/ *Hotels and sailing circles, the new La Maddalena without G8*

16 aug.
Visita del Presidente del Consiglio Silvio Berlusconi/ *Prime Minister Berlusconi visits the site.*

12-13 sep.
Inaugurazione dell'Arsenale / *Official inauguration of the ex Arsenale.*

3-11 oct.
Stand Mita Resort al 49 salone nautico di Genova/ *Mita Resort presents La Maddalena project at the 49th Nautical Salon in Genova.*

3 oct.
La Maddalena scelta come sede per la Louis Vuitton Cup/ *Louis Vuitton Cup to be held at La Maddalena*

2 apr. 2009, La Maddalena
Conferenza dei Servizi/ Interdepartmental Planning Conference

Oggetto: Affidamento in concessione dei servizi di ricettività alberghiera, del porto turistico e delle connesse strutture ed aree situate nell'area dell'ex Arsenale di La Maddalena./ *Object: Consignment of hotel services, tourisitic port and ex Arsenale buildings of La Maddalena.*

23 apr. 2009, La Maddalena
Conferenza dei Servizi/ Interdepartmental Planning Conference

Oggetto: Waterfront cittadino da Cala Balbiano a Punta Chiara in La Maddalena, Miglioramento della mobilità nella città di Palau, Interventi infrastrutturali per le reti telefoniche fisse e radiomobili per il Grande Evento/ *Object: Public waterfront of Cala Balbiano at Punta Chiara, La Maddalena, Mobility improvement in Palau. infrastructural interventions for phone and radiomobile lines for the Great Event.*

28 apr. 2009

Decreto-Legge 28 aprile 2009, n. 39. Interventi urgenti in favore delle popolazioni colpite dagli eventi sismici nella regione Abruzzo. */Decree n. 39 of April 28, 2009. Urgent interventions in favour of the populations hit by the earthquake events in the region of Abruzzo.*

2 oct. 2009

E' dichiarata «grande evento» la manifestazione velistica «Louis Vuitton World Series» che si terra' nell'arcipelago dell'isola de «La Maddalena» nel corso dell'anno 2010. (DPCM emergenza del 02-10-2009 G.U. n.237 del 12-10-2009) / *The sailing event «Louis Vuitton World Series» to be held during 2010 is declared «great event». (DPCM emergency measure 02-10-2009, G.U. n.237 of 12-10-2009).*

IL CANTIERE
THE CONSTRUCTION SITE

a cura di / edited by Davor Popović e / and Stefano Boeri Architetti

PORTUALITÀ E RICETTIVITÀ MARITTIMA

Il progetto ha previsto la ribanchinatura dell'intero porto esistente, la demolizione di alcuni pontili, fra i quali quello in testa al Molo Carbone e la realizzazione di un nuovo molo a delineare l'area portuale principale all'interno della quale è stato realizzato il Palazzo dei Convegni. Il nuovo molo rientra nelle opere a parete verticale ed è stato realizzato tramite la prefabbricazione e messa in opera di cassoni cellulari di opportune dimensioni. L'intervento ha inoltre previsto il rifacimento della banchina tramite la realizzazione di cassoncini cellulari di piccole dimensioni prefabbricati in sito e posti in opera ad opportuna distanza dal filo banchina esistente.

PORT RECONSTRUCTION AND NAUTICAL ACCESSIBILITY

The project encompasses the reconstruction of the complete harbour, the demolition of several quays, among which the one at Molo Carbone, and the realization of a new quay which delineates the area in which the House of the Sea is located. The new quay is included within the works designed for the vertical elements and has been realised and installed using prefabricated concrete cells of different dimensions. The intervention also regarded the restitution of the quay with the application of smaller concrete cells, prefabricated on site, and placed at a distance from the existing quay.

La sovrastruttura di banchina (con un altezza media di 80 cm di c.a. gettato in opera) è rifinita con ciglio di banchina realizzato in blocchi di granito di dimensioni 30x60x100 cm (in alcuni tratti 30x90x100 cm).

The upper part of the quay structure (which has an average height 80cm) is finished on its edge with a granite block of 30x60x100cm (or 30x90x100 in some stretches).

Gli ormeggi previsti sono realizzati con bitte da 10, 40 e 120 ton. All'estremità del Molo Sopraflutto Camiciotto è previsto un emiciclo a definire la testata del molo stesso da realizzarsi con 4 file di massi prefabbricati in cls. Lo sviluppo totale della banchina è di 2.174 m.

The newly designed moorings has been realised with 10, 40 and 120-ton bollards. A hemicycle, built using 4 rows of prefabricated concrete blocks, defines the quay head of the Molo Sopraflutto Camiciotto. The total extension of the quay is 2174 m.

È stata prevista la realizzazione di una vasca di colmata atta a contenere i sedimenti dragati all'interno del porto. Il dragaggio ambientale ha previsto la rimozione del primo strato di sedimento marino all'interno di buona parte dell' area portuale per un totale di 60.000 m³.

The project foresees the creation of a settling tank to contain the first layer of sediment removed during the 60.000m³ dredging operations that took place in the harbour.

Cassoncini per ribanchinatura / quay cofferdam: 387
Massi in cls / concrete boulders: 98
Pezzi speciali / special parts: 20 travi prefabbricate in c.a. / 20 prefabricated reinforced concrete beams
Dragaggio / dredging: 60.000 m³
Vasca di colmata / settling tank: 10.000 m² - 60.000 m³

CASA DEL MARE

Volumetricamente la Casa del Mare è composta da due parallelepipedi sovrapposti e disallineati. Il disallineamento tra i due volumi si traduce in uno sbalzo dell'edificio sul mare, verso Sud, di circa 12 metri.
Il volume inferiore ha la forma di un rombo con due lati paralleli alla banchina e due lati inclinati di 64°. Questo volume è rivestito in basalto posato a correre, con listelli sfalsati, eccetto il prospetto Sud e parte dei lati inclinati che presentano invece un prospetto vetrato. Il parallelepipedo superiore è invece interamente vetrato e presenta una doppia pelle composta dalla facciata continua e una struttura alveolare in vetro acidato esterna, che ha l'effetto di smaterializzare la rigorosa geometria.

HOUSE OF THE SEA

The House of the Sea is composed of two, superimposed yet misaligned volumes that, joint only on one side, create a 12-meter cantilever that stretches out over the sea and above the main entrance. The lower portion is a 64-degree rhomboid-based volume cladded in gray basalt planking with the exception of the southern façade and portions of the skewed sides which are completely in glass. The upper part is instead a square-based volume completely surrounded by glass curtain wall and an external alveolar acid-etched glass skin that dissolves the strict geometry of the volume.

La Casa del Mare è costruita con una struttura portante mista cls/acciaio. Dopo la bonifica dei sottosuoli si è creato un reticolo di travi di fondazione massicce e, in corrispondenza dei due pilastri sono state predisposti due pali pozzo

The House of the Sea has a mixed, concrete and steel bearing structure that rests on a grid of solid foundation beams, realised after the land reclamation. Two pile shafts has been created In correspondence with the foundation pillars.

Le strutture portanti in elevazione sono quindi la "scatola chiusa" che racchiude impianti, scale di emergenza e spazi tecnici, e i due pilastri sul fonte sud, che delimitano lo spazio dove è stato posizionato l'ascensore dall'eccezionale lunghezza di 8 metri.

The vertical structural elements are therefore the 'closed concrete box' which contains the emergency stairs and the technical spaces, and the two southern pillars which limit the space in which the exceptional 8m long elevator has been placed.

Il solaio del primo piano è appeso, tramite pendini in acciaio, alla struttura di copertura dove due importanti travi sono posizionate perpendicolarmente alla banchina per tutta la direttrice nord-sud dell'edifico, coprendo anche la lunghezza dello sbalzo dell'edificio.

The slab of the first floor hangs from a line of steel pendants attached to the roof structure that is, in turn, composed of two large beams, placed in the north-south axis and extending for the complete length of the building including the cantilever that hangs above the sea.

Le due grandi travi nord-sud, che suddividono in tre campi il sedime dell'edificio (un quadrato di 40m di lato), sono ancorate alla scatola e ai due pilastri centrali. A queste sono unite le travi principali, connesse tra loro con travi reticolari.

The two large structural beams that divide the building surface (a 40x40m square) in three, are anchored to the double heighted closed box and the central pillars. This central structure is complemented by the main beams that are connected to each other with reticulated girders.

Lo spessore della struttura di copertura è stato rivestito esternamente da un Carter in alluminio, e contiene anche i pluviali. I serramenti dell'edificio sono costituiti da grandi lastre di vetro strutturale unite con giunto siliconico e irrigidito da pinne in vetro. Le lastre sono ancorate inferiormente e superiormente da strutture in acciaio.

The complete height of the roof structure has been externally covered with an aluminium casing which also embodies the drainage system. The building's internal façade is composed of large panes of structural glass united with silicon joint and supported with glass fins. Each glass sheet is fixed above and below to the steel structure

Nella grande sala della Casa del Mare è stato predisposto un "oblò" sul pavimento: un pozzo praticabile sulla porzione dell'edificio a sbalzo sul mare, che permette di camminare apparentemente sopra l'acqua sottostante.

A porthole has been designed on the floor of the main hall: a crossable opening placed on the cantilevered portion of the building that permits the visitor to apparently walk over the water underneath.

Una parete di lastre di vetro serigrafato è stata montata nell'area d'ingresso e rappresenta il planisfero terrestre secondo la proiezione di Buckminster Fuller.

A two-storey wall in the entrance hall supports a silk screened glass representation of the earth's planisphere according to the projection realized by Buckminster Fuller.

La facciata esterna alveolare è realizzata attraverso l'incollaggio di tessere di vetro forgiato acidato di dimensione 333mm con una profondità di 100mm ed uno spessore di 15mm. La realizzazione di questa membrana esterna ha richiesto il superamento di innumerevoli problematiche. L'Isola della Maddalena risulta il luogo più ventoso d'Italia, con una spinta di circa 2000N per metro quadro. Solo attraverso una serie di prove, nelle diverse condizioni climatiche ed ambientali (camera di nebbia salina), la Bodino Engineering ha potuto certificarne e garantirne l'efficacia nel tempo. Per garantire l'efficace assorbimento delle dilatazioni termiche e meccaniche le diverse facciate di 40m x 6,5m sono state suddivise in sottomoduli di circa 2x2,2m. Questo anche per permettere un agevole montaggio alle maestranze specializzate che ne hanno curato la realizzazione.

The external alveolar facade of the building has been realised by chemically welding a series of forged, acid-etched glass elements measuring 333x100mm and a thickness of 15mm. The realisation of the glass membrane had to overcome different problems. The extreme wind conditions of the island of La Maddalena (a wind force of over 2000 N/sqm) required Bodino Engineering to repeatedly test, by reproducing the climatic and environmental conditions of the site (within a salty fog room), so as to be able to certify and guarantee the durability and efficiency of the system. To be able to guarantee an effective assimilation of the thermal and mechanical dilations, the 40x 6,5m façades were subdivided in modules of 2x2,20m. The subdivision simultaneously consents the system to be installed more easily by the specialized workers who took care of the installation.

La struttura vera è propria che si oppone alle spinte del vento e che sostiene i carichi permanenti è un cable-net, realizzato con cavi in acciaio a 19 fili di derivazione nautica.

The bearing structure that opposes the wind force and supports the façade's permanent load, is a cable-net realised with 19-wire steel cables of nautical origin.

Un cavo principale di diametro 14mm si oppone alla spinta del vento dall'esterno, mentre altri due stabilizzano ed assorbono le spinte in depressione. A questi cavi si fissano delle speciali ali in acciaio realizzate ad hoc per il progetto in fusione di Aisi 316, acciaio inossidabile ad alta resistenza per ambiente marino.

The main 14 mm diameter cable resists the external wind force, while the two other cables stabilize and absorb the loads of decompression. Special and specifically designed steel in 316 stainless steel with high resistance to a marine environment are fixed to the cables.

Le boccole finali che si fissano ai pannelli vetrati presentano ognuna una articolazione sferica "rotula", il cuore del sistema, che permette ai pannelli di flettere sotto le spinte anche più violente del vento senza spezzarsi.

The final bushings, fixed to the glazed panels, each have a spherical articulation, the *rotula*, the heart of the system, which permits the different panels to flex even when facing the harshest winds without breaking.

PADIGLIONE DEL MARE

È un edificio che, pur mantenendo la stessa logica strutturale su tutta la superficie, crea due spazi nettamente differenti. Le arcate preesistenti sono affiancate da una struttura portante a doppi pilastri in acciaio che sostengono una copertura che si estende sulla superficie di circa un ettaro. Le diverse aree interne sono perimetrate da facciate continue di serramenti in vetro. La metà a nord dell'edificio è chiusa e perimetrata per la larghezza intera di tre campate, con uffici sulle due laterali e una passeggiata a doppia altezza su quella centrale. La parte sud ha delle strutture più basse della copertura sovrastante con una tipologia a padiglione, che lascia un'ampia superficie esterna flessibile per manifestazioni all'aperto.

SEA PAVILION

The building maintains a single structural logi throughout its surface, yet creates two clearly different spaces. A double-pillar bearing structure, which supports the 1 hectare roof surface, has been placed beside the pre-existing arches. The different internal areas are surrounded by curtain-walls. The north side of the building is closed for the width of three spans and contains office spaces on each side edges spans and a covered double height boulevard in the central span. The south side presents lower structures organised according to a pavilion typology and leaves a wide and flexible external surface for open air events.

La grande copertura, che nell'estradosso è rivestita con pannelli fotovoltaici, presenta lunghi lucernai in direzione nord-sud che illuminano gli spazi sottostanti. L'acqua piovana, convogliata attraverso pluviali della stessa dimensione dei pilastri di sostegno, viene raccolta in apposite cisterne per uso irriguo.

The roof, which is covered with a photovoltaic system, presents long skylights, in a north-south direction, that give light to the spaces beneath. Rainwater, conveyed by means of drains of the same dimension as the supporting pillars, is collected inside tanks for irrigation purpose.

La massima flessibilità d'uso della struttura è garantita dalla presenza di un pavimento galleggiante su tutte le superfici utili e dal posizionamento degli impianti sopra i blocchi servizi, che permette la totale riconfigurazione degli spazi interni ed esterni.

A floating pavement system, installed on all inhabitable surfaces, and the placement of technical spaces above the different service blocks guarantee the maximum flexibility of use and ample opportunities for the reconfiguration of both internal and external spaces.

LE ARCATE DELL'ARSENALE

L'edificio, uno tra i primi insediamenti costruiti nell'Arsenale, si presentava in gravi condizioni di degrado. Un primo intervento ha restaurato e messo in sicurezza le parti interne originarie, in muratura di granito, ed ha ricostruito i prospetti originali, completi di intonaci e modanature. Il nuovo intervento ha previsto una copertura piana con lucernai longitudinali, sostenuta da una fitta maglia di pilastri sfalsati e distanziati rispetto al passo delle arcate originarie. La campata più a nord ha mantenuto la forma originaria con tetto a falde e ospita le cucine, i servizi e spazi tecnici. La penultima campata sul lato sud è stata mantenuta a cielo aperto per ospitare attività all'aperto.

THE ARSENALE ARCADES

The building, historically one of the first to be constructed in the Arsenale, presented serious conditions of deterioration. The first part of the intervention restored and secured the original granit structure and rebuilt the façades including original the plaster and moulding detailing. The second part of the intervention regarded the construction of a flat roof with skylights supported by a dense grid of steel columns placed staggered and distanced from the original arches. The south facing elevation maintains the pitched roof shape of the original construction and contains the kitchen, service and technical spaces. The second to last span, on the northern side, has been kept uncovered to host eventual open air activities.

La campata più a Nord è stata perimetrata ed allestita con strutture removibili per ospitare quattro sale riunione con i relativi spazi di servizio. L'intero edificio è stato pavimentato con lastre di granito sardo e controsoffittato con lastre di acquapanel, predisposte per resistere agli agenti esterni, poiché ad oggi non sono previste serramenti di chiusura delle campate della sala centrale.

The northeast span of the building has been closed and furnished with temporary structures to host, at present, four meeting rooms and the related service spaces. The entire building has been paved with Sardinian granit slabs and, since the central hall will be left open, the false ceiling, realized in acquapanel, has been designed to resist atmospheric conditions.

RESIDENZA DELL'ARSENALE

Sul lato nord dell'area dell'ex Arsenale, a ridosso delle banchine, è stato realizzato un piccolo quartiere di servizi ricettivi che oggi comprende un albergo per circa 100 stanze, una SPA, una piscina, una sala polifunzionale e spazi di ristorazione. La Residenza dell'Arsenale si articola in cinque edifici, di cui uno recuperato: l'ex-officina motori, e quattro di nuova costruzione. I servizi e gli spazi comuni si sviluppano nei piani terra degli edifici e si affacciano principalmente sul bacino acqueo, ad eccezione della hall di ingresso.

ARSENALE RESIDENCE

On the north side of the Arsenale a small hotel and conference quarter has been built Composed of a hundred room hotel, a SPA, a swimming pool, a multifunctional hall and catering spaces, the Arsenale Residence is an articulated five building composition, one of which is a restored structure and four are new constructions. All of the public common spaces are placed on the ground floor facing the waterfront with the exception of the entrance hall.

L'edifico recuperato dell'Ex-Officina motori ha subito importanti interventi di messa in sicurezza e restauro, compreso il rifacimento della copertura. La grande sala mantenuta a tutta altezza, di circa 880 mq, potrà ospitare eventi per centinaia di persone ed è stata fornita di servizi e uscite di sicurezza adeguatamente dimensionate.

The ex Mechanic-shop building has been restored and secured and its roof has been completely reconstructed.
The large hall has maintained its original height and 880m^2 surface and has been furnished with services and emergency exits in order to be able to host large events.

Gli spazi del ristorante si affacciano sul bacino dell'arsenale e sono illuminati internamente da una serie di lucernai che si aprono sulla copertura del corpo di fabbrica, predisposta per ospitare un tetto giardino sul quale affacciano le camere dei due piani superiori.

The catering spaces, which face the Arsenale basin, receive light from a series of skylights opened on the building roof, which has been designed to host a roof garden that can be seen from the rooms at the upper floors.

L'edificio dell'ingresso principale, che nel piano inferiore ospita hall e servizi, ha una copertura praticabile rivestita in legno con funzione di solarium, e comprende gli spazi della piscina di dimensioni 25m per 10m.

The entrance volume, which contains the hall and ground floor services, is a combination of wood deck and garden spaces that include a solarium and a 25 m x 10 m swimming pool.

L'impatto paesaggistico dell'edificio è stato misurato limitando le altezze a tre piani fuori terra negli edifici più arretrati e a due piani o un piano negli edifici prospicienti alla banchina. I prospetti che affacciano sui lati Est e Ovest sono rivestiti di pietra. I prospetti che affacciano verso Sud evidenziano le componenti orizzontali dello spessore dei solai, mentre gli elementi verticali sono stati arretrati per lasciare affaccio alle logge con parapetti e pareti divisorie in vetro. Il progetto originale prevedeva degli ombreggiamenti mobili e pieghevoli a libro ancorati su binari integrati nella facciata.

The impact of the building on the landscape has been calibrated by limiting the height of the rear volumes to three levels above ground and the height of the front volumes facing the quay to two levels above ground. The façades on both east and west are cladded in local stone while the front elevations highlight the horizontal lines of the slabs, setting back the vertical elements to also leave space for the glass parapet and division loggias.
The original project foresaw a folding wood shutter system anchored on rails and integrated with the façade.

IL PROGETTO ILLUMINOTECNICO

Per il progetto illuminotecnico dell'area dell'ex Arsenale sono state adottate soluzioni innovative, sia per un significativo risparmio energetico, che per l'osservazione e l'applicazione dei requisiti illuminotecnici normativi. Tutto questo è stato avvalorato nel progetto illuminotecnico senza tralasciare l'aspetto emozionale della luce, che crea scenari suggestivi, di grande flessibilità e varietà. Una particolare attenzione è stata dedicata all'illuminazione esterna della Casa del Mare, con una linea di led della Philips lungo tutto il bordo dell'edificio che proietta una luce, all'occorrenza colorata, che viene assorbita e trattenuta dal vetro della facciata esterna.

THE LIGHTING PROJECT

The lighing project for the area of the ex-Arsenale presents a series of innovative solutions both in terms of energy efficiency and in its observation and application of illumination standards required by norm. The lighting project was geared to a constant enhancement of these aspects without ever losing sight of the emotional role that illumination plays in the creation of evocative scenarios that present great flexibility and variety. Particular attention was dedicated to the House of the Sea where a line of Philips' LED units was applied to the complete perimeter of the superior volume, a system that projects light, colored when required, that is absorbed and reflected by the exterior glass façade.

L'edifico nelle ore notturne può così cambiare colore. Il progetto prevedeva di usare il codice luminoso come una grande anemometro visibile dal bacino dell'arcipelago, associando alla direzione del vento una tonalità di colore e all'intensità del vento la potenza della luce proiettata.

At night the building can change its color. The project proposed a light code that functions as a large wind gauge visible from large part of the archipelago, associating the direction of the wind to a certain color tone and its speed to the intensity of the light.

IL CANTIERE: PROGETTO, TECNOLOGIA, REALIZZAZIONE

di Domenico Lombardo

Nel processo edilizio la ricerca della qualità, dell'efficienza e dell'ottimizzazione delle risorse assume caratteristiche particolari, non solo per le forti incertezze relative all'efficienza, ai costi, ai tempi di realizzazione ed ai livelli qualitativi conseguibili, ma anche per la varietà dei protagonisti che intervengono nei diversi livelli decisionali.
Il progetto di riconversione dell'Ex-Arsenale Militare a La Maddalena si è mostrato fin dalle prime battute non privo di difficoltà, sia per la molteplicità e complessità dei cantieri in essere, che per la diversità dei soggetti presenti.
La conoscenza delle variabili in campo, degli obiettivi e degli attori ha portato all'esigenza fondamentale di individuare modelli organizzativi capaci di gestire in modo efficace tutte le fasi processuali, consentendo o modificando l'aggregazione stessa dei ruoli.
In questo contesto si vogliono evidenziare gli aspetti che hanno influenzato fortemente la gestione del processo produttivo, senza tralasciare la struttura organizzativa, con prevalenti funzioni progettuali, che è stata resa operativa.
Il modello organizzativo denominato "General Contractor Integrato" è stato ritenuto quello più idoneo ad affrontare la dimensione e la complessità delle opere, ritenendo di fondamentale importanza la risoluzione di problemi di integrazione nel processo, vista la responsabilità e la difficoltà di gestione nei confronti del committente.
Le funzioni e le risorse sono state pianificate per singoli progetti, coordinati secondo principi organizzativi e gestionali, con l'ausilio di team di collaboratori per il settore tecnico, amministrativo e commerciale.
Questa grande autonomia dell'unità di progetto ha consentito di operare un efficace project management, con un puntuale controllo del progetto nonché dei suoi costi, una più certa valutazione dei risultati e un più incisivo coordinamento tra le diverse unità coinvolte.
Un filo sottile unisce la progettazione alla realizzazione di grandi opere. Un approccio ormai comune è la gestione manageriale del processo progettuale e realizzativo, la presenza pianificata di molteplici soggetti, di precisi ruoli operativi ed economici, oltre all'uso di codici e linguaggi internazionali.
In particolare per i lavori de La Maddalena la struttura che è sta-

THE CONSTRUCTION SITE: PROJECT, TECHNOLOGY, REALIZATION

by Domenico Lombardo

The pursuit of high-standard construction, operational efficiency and optimum resources management during the building process raised a number of issues, not only because there were strong doubts about the reliability of cost estimates and work scheduling, and the kind of quality standards that could be achieved, but also because so many different players were involved at every level of the decision-making process.

The conversion of the former Arsenale at La Maddalena proved difficult right from the start because of the number and complexity of the construction sites, and the fact that so many players would need to have say in how the project should develop.

Given the sheer number of variables, objectives and players, it was essential to find organisational models that could streamline and coordinate the various construction phases. Flexible human resources management and clearly identified roles had to come together in a flow chart that could adapt to the requirements each individual situation.

What follows is an account of the factors that proved a major influence on how the productive process was managed, and the design-oriented organisational structure that emerged as a result.

The organisation model deemed most suited to handling the size and complexity of the task was integrated contracting, in which bidding companies are responsible for the design and construction of the project's various components, as well as the integration of the entities involved in the construction process. Integrated contracting also clarifies the companies' management problems and accountability vis-à-vis the client.

Functions and resources were organised and managed around each individual project, aided by a team of technical, administrative and commercial specialists.

The fact that each project unit was largely independent of the others made for really effective project management, tight control of the design process and its costs, more accurate assessment of results, and enhanced coordination of the various units involved at every stage.

There is a tenuous yet real connection between the design and construction of large-scale projects. One common approach nowadays is to bring in professional managers to handle the

ta organizzata si è articolata in diversi gruppi di progettazione specialistica, architettonica, strutturale, impiantistica e di programmazione operativa degli interventi realizzativi, oltre ad un coordinamento tra i progettisti e le strutture tecniche interne alle imprese.

La scelta di creare un gruppo di progettazione intimamente legato alle vicende del cantiere e collocato fisicamente all'interno dello stesso, ha consentito di vivere quotidianamente le problematiche e la definizione delle specifiche da parte della Committenza, rendendo possibile la condivisione delle informazioni in tempo reale, l'individuazione delle difficoltà, dei punti di vista e delle soluzioni da adottare, ma soprattutto ha permesso l'attuazione di sinergie e unità di intenti tra gli ideatori ed i realizzatori delle opere. La possibilità di interagire direttamente con il cantiere attraverso gli strumenti della progettazione, della verifica degli obiettivi attesi e dei risultati ottenuti, in un continuo e costante processo di feedback e di controllo costante, ha consentito di correggere o confermare questo o quel brano del progetto in via di realizzazione.

A La Maddalena la progettazione è coincisa con la realizzazione, al contrario di ciò che accade in qualsiasi parte del mondo, in cui la definizione puntuale del progetto avviene in una successione di fasi che consentono di iniziare le opere solo quando il processo di progettazione si può considerare concluso. Per capire il lavoro svolto bisogna partire dalle condizioni iniziali che hanno contraddistinto la realizzazione delle opere. Dalla consegna dei lavori c'erano a disposizione meno di dieci mesi consecutivi per la progettazione definitiva/esecutiva, la realizzazione e il collaudo degli stessi. Tali condizioni hanno vincolato il team ad una "Progettazione in Tempo Reale" nello stesso luogo in cui si svolgevano i lavori, facendo affidamento su programmi di progettazione che prevedevano scadenze molto serrate e modalità di lavoro su più turni.

Di conseguenza, visti i vincoli iniziali, l'organizzazione del cantiere ha dovuto dotarsi di una progettazione ergotecnica ed una programmazione operativa molto dettagliata. Le opere strutturate in fasi tra loro consequenziali e interrelate, sono state subordinate ad una continua azione di verifica e controllo a posteriori, al fine di attivare le necessarie retroazioni. L'analisi del contenuto del progetto interviene, in questo modo, già durante la progettazione, promuovendo i criteri generali di organizzazione del cantiere, inteso come "sistema uomo-macchina-ambiente" a servizio della produzione. Ciò ha determinato le specifiche tecnico operative delle lavorazioni atte alla creazione di procedure orientate alla formazione delle maestranze, alla assicurazione della qualità e della sicurezza, fino ad un livello di dettaglio che definisce il singolo gesto costruttivo. La necessità di realizzare le opere in un arco temporale molto limitato ha vincolato tutti gli operatori a dotarsi di strumenti tecnici di disarticolazione dell'intervento in fasi di realizzazione (work breakdown structure), da gestire e programmare in corso d'opera, prevedendo sistemi di conduzione e ottimizzazione delle risorse che hanno portato alla definizione di turni di lavoro organizzati nell'arco delle ventiquattro ore.

Inoltre un contributo fondamentale è stato dato dall'informatica e da internet. La combinazione di questi due strumenti ha reso possibile che strutture distanti centinaia di chilometri lavorassero assieme. Un ruolo importantissimo in queste operatività complesse è stato ricoperto dai meeting periodici. Tali riunioni fra tutti i soggetti coinvolti nella progettazione e realizzazione hanno consentito di effettuare tutte le verifiche, gli approfondimenti, i controlli incrociati che non possono essere svolti a distanza. Queste occasioni straordinarie per densità e intensità operativa, accuratamente pianificate e preparate, hanno consentito di affrontare le situazioni più complesse, con i contributi progettuali specialistici di tecnici, aziende e fornitori. La necessità di un confronto diretto è stato fondamentale per la condivisione dei dati di progetto, aspetto questo delicatissimo perché agevola un controllo globale delle coerenze progettuali, che in operatività più semplici è relativamente scontato.

Cantiere Residenze dell'Arsenale / Arsenale Residence construction site

design and construction processes, coordinate the work of the different players, establish clear operational and economic roles, and impose the use of international terminology and codes.

At La Maddalena, the management structure was based on groups of design, architecture, structures, systems and construction management specialists, and coordinators to handle relations between the architects and the contractors' internal technical structures.

The decision to create a design group physically located on site and closely involved in site affairs meant that problems could be solved on a day-to-day and the client could fine-tune objectives as work progressed. It also meant that information could be shared in real time, and that problems, points of view and solutions could be immediately identified. Most importantly, it made possible synergies and unity of intent between designers and builders. Being able to interact directly with the site in terms of design instruments, objectives management and result assessment in a continuous feedback and control loop enabled any given project component to be given the go-ahead or put back on track as work progressed.

At La Maddalena, design was simultaneous with construction, unlike in the rest of the world where the final version of the project develops through a series of stages that enable work to start only when it is generally agreed that the design process has been completed. To understand how the job is proceeding, it was necessary to work forward from the initial conditions that determine how objectives will be achieved. Once tasks had been allocated, only ten consecutive months were available for the production of final working designs, the construction itself, and final approval. This meant that the team had to design in real time where the work was actually being done, relying on design programmes involving multi-shift working and extremely tight deadlines.

Given these initial constraints, site management had to be based on painstaking ergonomic and technical design and extremely detailed operational planning. Tasks were structured in interrelated stages that were checked and controlled on an ongoing basis so that corrective feedback could be implemented immediately. This meant that project content analysis could be carried out during the design process itself so that site organisation criteria – "site" meaning here a production-oriented man-machine-environment system – could always be adhered to. This procedure generated technical and operational work specs to guide and develop workers' skills, guaranteeing quality and safety standards at a level of detail that defined each and every construction phase. The extremely demanding timescale called for work breakdown structures at every stage, ongoing work scheduling and management, and resources management and optimisation based on a 24-hour shift system.

Information technology and the Internet also made a key contribution by enabling contractors located hundreds of kilometres from each other to work together. Regular meetings also played a crucial role. All the project's design and construction personnel were able to carry out tests, audits and cross-checks that cannot be done at a distance. The sheer number and scope of these carefully planned meetings meant that specialist design input from engineers, companies and suppliers could be brought to bear on even the most complex situations. Direct consultation was also a crucial element in data sharing, which is a very sensitive issue because it facilitates the kind of overall project control that is often taken for granted in less complex undertakings.

GLI ATTORI DEL PROGETTO PROJECT ACTORS

DPC Dipartimento della Protezione Civile / Department for Civil Protection

SDM Struttura di Missione - Unità Tecnica di Missione / Mission Unit - Technical Mission Unit

LOTTO 5 - Arsenale SCARL

Capogruppo / General Contractor:
Nuove Infrastrutture

Progetto Architettonico / Architectural design:
Stefano Boeri Architetti
Progetto Strutturale / Structure:
Italingegneria
Progetto Impiantistico / MEP Engineering:
Enetec

RESIDENZA DELL'ARSENALE / ARSENALE HOTEL

B&B COSTRUZIONE Srl
DAIKIN
DORMA
KASER
KNAUF
PHILIPS
SIGISMONTI COSTRUZIONI
BERNINI
BITUVER
ECOPHON
EDILIAi
GRUPPO ALI
GYPROC
ISOVER
TEUCO
WEBER

LOTTO 6 - Imatec

Capogruppo / General Contractor:
Imac

Progetto Architettonico / Architectural design:
Architetto Gabriele Napolitano S&PA
Progetto Strutturale e Impiantistico / Structure and MEP Engineering:
Ing. Marcello Carelli - V. Mosco and Associati

RIMESSAGGIO ED EX OFFICINE / ARSENALE WORKSHOPS AND DRY DOCKING

MARAZZI
PHILIPS
SCHUCO
BITUVER

LOTTO 4 - Maddalena SCARL

Capogruppo / General Contractor:
Anemone Costruzioni

Progetto Architettonico / Architectural design:
Stefano Boeri Architetti
Progetto Strutturale / Structure:
Italingegneria
Progetto Impiantistico / MEP Engineering:
Enetec

CASA DEL MARE / HOUSE OF THE SEA

BODINO ENGINEERING
DAIKIN
DORMA
GMV
GVM - LA CIVILTA' DEL MARMO
IGUZZINI
KNAUF
MBM
LIFT EUROPA
PHILIPS
SAINT GOBAIN
SIMAIT SERVICE
TELEYA
BERNINI
BITUVER
EDILIA
ISOVER
REFLEX

PADIGLIONE DEL MARE / SEA PAVILLION

B&B COSTRUZIONE Srl
DAIKIN
DI LENOLA
DORMA
IMPRESA ING. RAFFAELLO PELLEGRINI
KASER
KNAUF
PHILIPS
SIMAIT SERVICE SRL
U.S. SELECTA
BITUVER
EDILIA
ISOVER
REFLEX
WEBER

ARCATE DELL'ARSENALE / ARSENALE ARCADES

B&B COSTRUZIONE Srl
IMPRESA ING. RAFFAELLO PELLEGRINI
KNAUF
BITUVER
ISOVER
WEBER

LOTTO 7 - Associazione Temporanea di Imprese / Temporary Companies Association

Capogruppo / General Contractor:
Impresa Pietro Cidonio Spa

Progetto / Design:
Vams Ingegneria - Sint Srl

PORTUALITA' / PORT

GRANDI LAVORI FINCOSIT
TEPORT SPA

INTERVENTI AMBIENTALI / ENVIRONMENTAL INTERVENTIONS

BONIFICHE / LAND RECLAMATION

COVECOM
SERVIZI AMBIENTALI SARDI

DEMOLIZIONI / DEMOLITIONS

DESPE

OPERE A VERDE / GREEN SPACES - Sgaravatti Land

Studio Paesaggistico e Progetto delle Aree Verdi / Landscape design:
Emanuela Borio & Laura Gatti

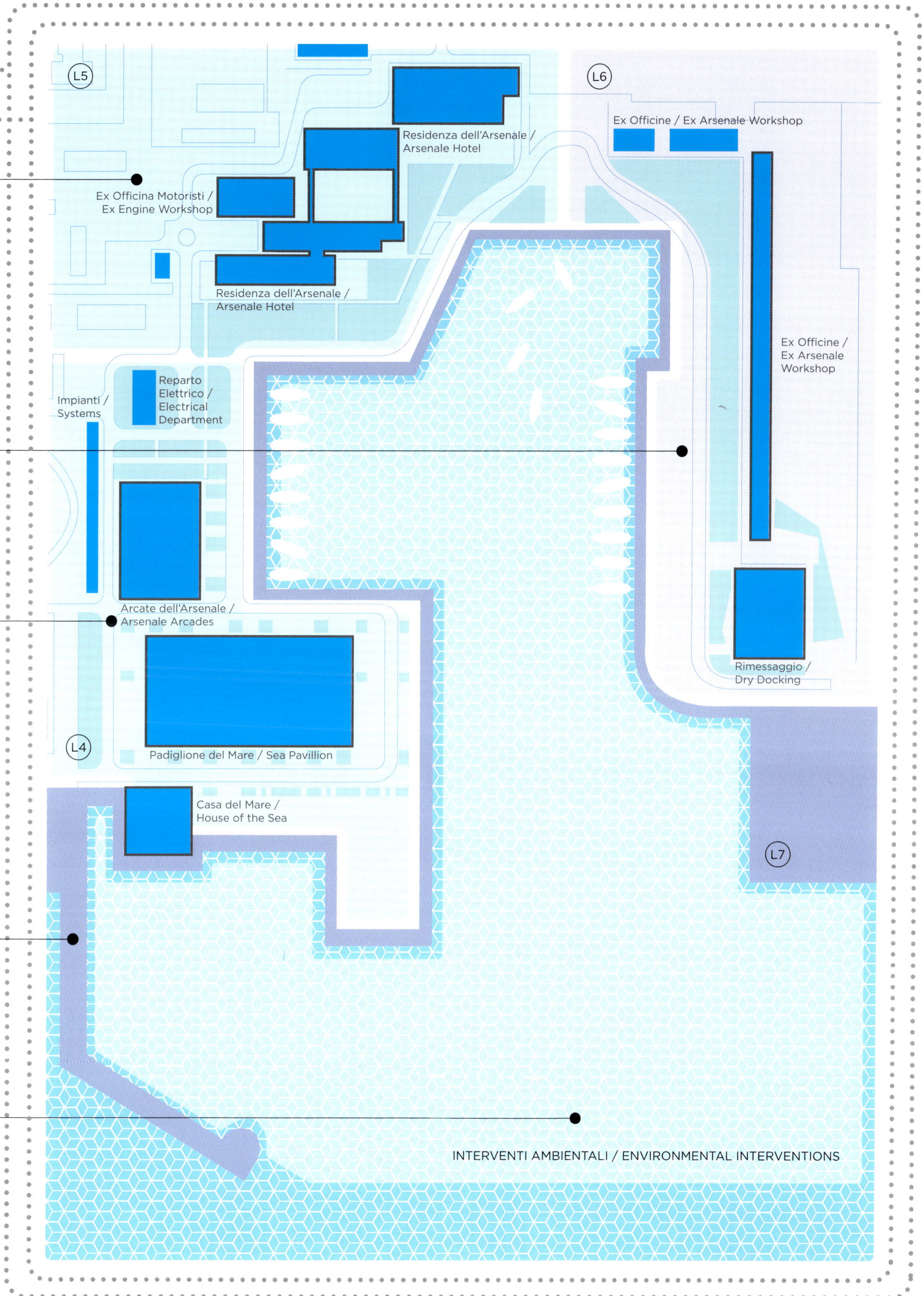
L5
L6
L4
L7
Ex Officine / Ex Arsenale Workshop
Residenza dell'Arsenale / Arsenale Hotel
Ex Officina Motoristi / Ex Engine Workshop
Residenza dell'Arsenale / Arsenale Hotel
Ex Officine / Ex Arsenale Workshop
Reparto Elettrico / Electrical Department
Impianti / Systems
Arcate dell'Arsenale / Arsenale Arcades
Rimessaggio / Dry Docking
Padiglione del Mare / Sea Pavillion
Casa del Mare / House of the Sea
INTERVENTI AMBIENTALI / ENVIRONMENTAL INTERVENTIONS

STEFANO **GRAZIANI**

Arrivo: sabato 23 maggio 2009, h 16.30 | Partenza: martedì 27 maggio 2009, h 13.30

Stefano Graziani è arrivato a La Maddalena nella concitata fase dell'ultima settimana di cantiere. Lo spostamento del Summit G8 all'Aquila era oramai una certezza, ma la data di consegna dei lavori a La Maddalena era rimasta invariata al 31 Maggio. Per contenere i costi, ma soprattutto per incertezze sulla futura manutenzione, è stato deciso di lasciare incompleto l'allestimento del verde e le finiture dell'ultimo strato di asfalto nonchè degli arredi.

Arrival: Saturday, May 23rd 2009, h 16.30 | Departure: Tuesday May 27th 2009, h 13.30

Stefano Graziani arrived at La Maddalena in the frenzied last week of construction. The relocation of the G8 Summit was, at this point, certain, but the date of conclusion for all construction work had remained irreversibly set for the 31st of May. Owing to the need of containing costs but also due to the uncertainty regarding future maintenance, it was decided that asphalt surfaces, green spaces and interior furnishings would be left incomplete.

PAOLO **ROSSELLI**

Primo viaggio | Arrivo: giovedì 28 maggio 2009, h 18.55 | Partenza: lunedì 1 giugno 2009, h 19.30
Secondo viaggio | Arrivo: giovedì 10 settembre 2009, h 12.55 | Partenza: lunedì 14 settembre 2009, h 14.50

Paolo Rosselli è venuto all'Arsenale de La Maddalena due volte. La prima occasione, nell'ultima settimana di maggio, è coincisa con la consegna ufficiale dei lavori a fine mese. In cantiere c'erano squadre di "pulitori" che lustravano gli edifici, operai e tecnici che portavano con discrezione le famiglie a visitare le opere oramai complete, le prime troupe televisive che filmavano il luogo e intervistavano i rappresentanti istituzionali e gli architetti. Dopo 10 mesi di cantiere calma e silenzio regnavano nel nuovo Arsenale e si poteva finalmente osservare quanto fatto.
La seconda occasione, a Settembre, è coincisa con i giorni dell'inaugurazione dell'Arsenale e l'apertura alla cittadinanza degli spazi recuperati.
Oltre 7000 persone hanno voluto visitare il sito, arrivando da La Maddalena e da tutto il Nord Sardegna. Il Commissario Guido Bertolaso con il Sindaco Angelo Comiti hanno aperto i cancelli, la Brigata Sassari ha intonato l'inno "Dimonios", Vincenzo Onorato ha esposto gli scafi dell'imbarcazione "Mascalzone Latino" ed ha annunciato la programmazione delle regate della "Louis Vuitton Cup" nel maggio 2010. Due giorni di festa che si sono conclusi con la partecipazione di oltre 3000 persone all'applauditissimo spettacolo pirotecnico finale.

First excursion | Arrival: Thursday May 28th 2009, h 18.55 | Departure: Monday June 1st 2009, h 19.30
Second excursion | Arrival: Thursday September 10th 2009, h 12.55 | Departure: Monday September 14th 2009, h 14.50

Paolo Rosselli visited the Arsenale of La Maddalena twice. The first occasion, during the last week of May, coincided with the official consignment of the projects.
On each site it was possible to see cleaning squads dusting and polishing the buildings; workers and technicians that discreetly showed the now completed works to their families; television crews beginning to film and interview institutional representatives and architect Stefano Boeri. After 10 months of construction silence and calm reigned at the Arsenale and it was possible to finally observe what had been accomplished.
The second time that Rosselli arrived, in September, coincided with the days of inauguration and presentation of the recuperated spaces of the Arsenale to the public. Over 7000 people arrived from all of northern Sardinia to visit the site. Commissioner Guido Bertolaso and Mayor Angelo Comiti opened the gates, the Sassari Brigade, the most traditional in Sardinia, played their "Dimonios" hymn, Governor Onorato showed the "Mascalzone Latino" boats and announced the program for the Louis Vuitton regattas to be held in May of 2010 within the new nautical pole: two complete days of festivities concluded with the participation of over 3000 people to a greatly applauded firework spectacle.

ANTONIO **OTTOMANELLI**

Primo viaggio | Arrivo: venerdì 10 luglio 2009, h 10.35 | Partenza: domenica 12 luglio 2009, h 19.30
Secondo viaggio | Arrivo: giovedì 13 agosto 2009, h 11.35 | Partenza: domenica 16 agosto 2009, h 21.30

Antonio Ottomanelli è venuto all'Arsenale di La Maddalena in due occasioni. La prima volta, a metà Luglio, il cantiere era stato oramai consegnato e si stavano eseguendo i collaudi. Erano rimasti in cantiere solo pochi operai e tecnici con compiti di controllo e manutenzione. Pochi giorni prima si era svolto il G8 all'Aquila e La Maddalena era insolitamente spopolata rispetto agli anni precedenti, infatti non erano stati venduti pacchetti turistici per Luglio a causa dei blocchi previsti sull'isola per motivi di sicurezza legati al Summit.
La seconda volta, l'isola frizzava di attività poichè la stagione doveva essere recuperata nel mese di Agosto. Il suo lavoro è stato interrotto l'ultimo giorno poiché si è dovuto allontanare dai cantieri a causa una visita "a sorpresa" del Premier con la figlia.
Era la prima volta che Berlusconi vedeva i lavori finiti.
La Protezione Civile aveva nel frattempo fissato le date di inaugurazione del sito per i primi di Settembre, a seguito del Vertice Internazionale Italia-Spagna ospitato nei nuovi spazi recuperati dell'Arsenale.

First excursion | Arrival: Friday July 19th 2009, h 10.35 | Departure: Sunday July 12th 2009, h 19.30
Second excursion | Arrival: Thursday August 13th 2009, h 11.35 | Departure: Sunday August 16th 2009, h 21.30

Antonio Ottomanelli visited the Arsenale at La Maddalena on two occassions. The first time was during mid July. The construction sites had been handed back to the Department for Civil Protection who was now assessing the finished buildings. Only a few workers were left on the site, mainly for the realisation of maintenance and inspection procedures. A few days earlier the G8 Summit has taken place at L'Aquila and La Maddalena seemed unusually empty for the period of the year. In effect, due to the security dispositions that had been forecast for the Summit, many vacation packages for those days had remained unsold.
During the second visit, in August, the island frizzled with the activity and fervour characteristic of the season. Ottomanelli's work was interrupted during the last day when he was asked to leave the site due to a "surprise" visit from the Prime Minister and his daughter.
It was the first time that Berlusconi saw the completed works. Meanwhile the Department for Civil Protection had established the dates for the inauguration that would take place during the first days of September following an international Italy-Spain bi-lateral meeting to be hosted in the new spaces within the Arsenale.

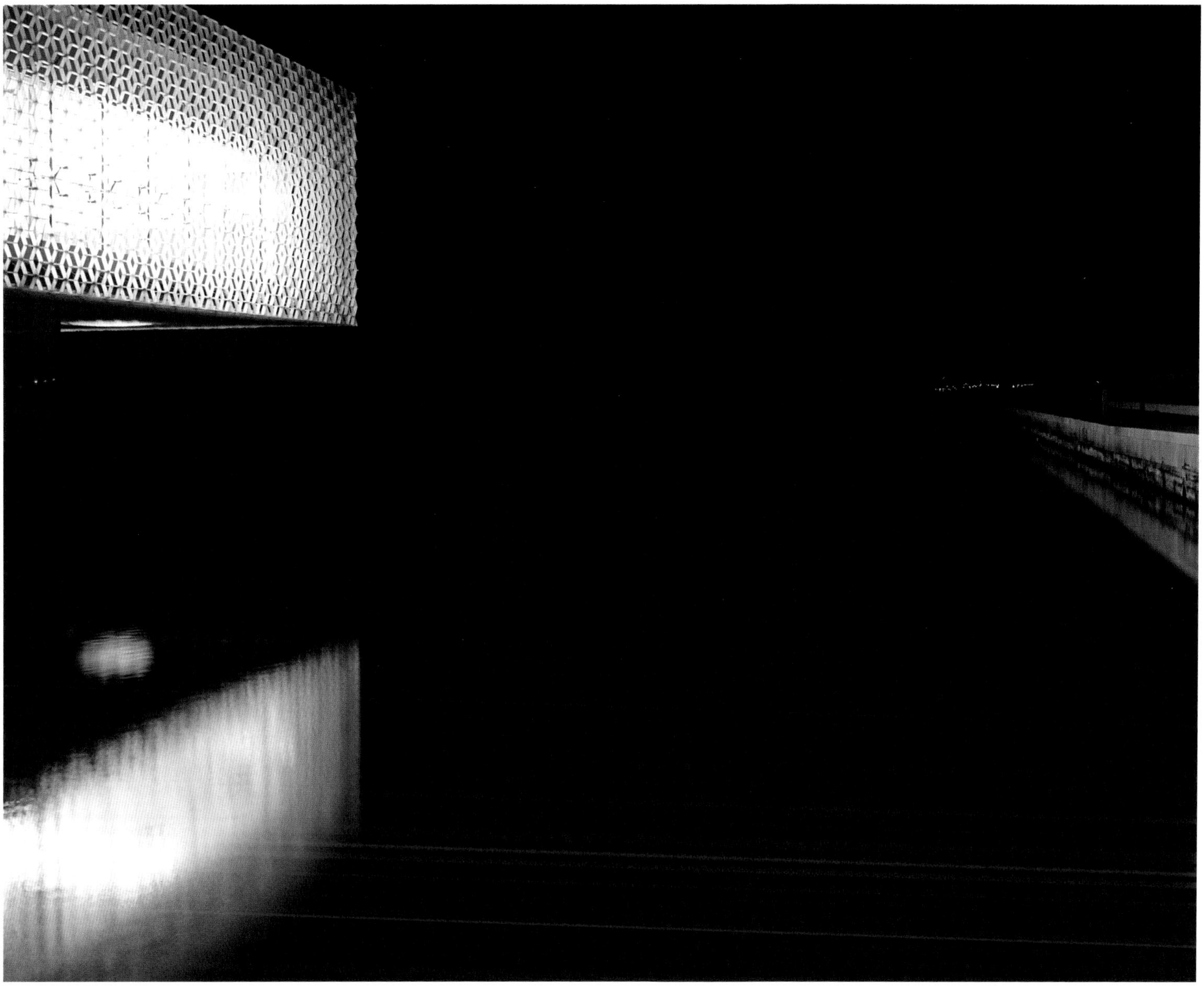

IWAN
BAAN

Arrivo: domenica 26 luglio 2009 | Partenza: mercoledì 29 luglio 2009

Iwan Baan è arrivato a La Maddalena ad un mese dalla consegna dei cantieri, mentre stavano per essere concluse le procedure di collaudo e di consegna delle opere. Eccetto il verde e lo strato superficiale di asfalto, gli edifici erano pronti. In questo periodo tutti gli attori che avevano lavorato a La Maddalena stavano abbandonando l'isola dopo un anno di permanenza e gli operai, le imprese, i tecnici e i progettisti si salutavano sulla banchina dei traghetti che portavano in Sardegna. Solo alcune persone sarebbero rimaste a La Maddalena, pronte ad attivarsi nel caso in cui si fossero concretizzate le prospettive di vertici internazionali e di inaugurazioni estive.

Arrival: Sunday July 26th 2009 | Departure: Wednesday July 26th 2009

Iwan Baan arrived at La Maddalena a month after the consignment of the building sites and while the official assessment period was coming to a close. Except for the uncompleted green areas and asphalt surfaces the buildings were complete. During this period all the people who had worked at La Maddalena were abandoning the island after their year-long permanence and the workers, construction companies, technicians and architects bid their farewells at the ferry dock. Only a few people would remain on the island in case the prospects for international summits or summer inaugurations actually became a reality.

GIOVANNA **SILVA**

Arrivo: mercoledì 8 settembre 2009 | Partenza: lunedì 14 settembre 2009

Giovanna Silva è stata a La Maddalena alla "prima" dell'Arsenale. Il 10 Settembre si è svolto l'incontro bilaterale Italia-Spagna, con Berlusconi e Zapatero presenti, accompagnati da un gran numero di ministri.
I Presidenti si sono incontrati nella Casa del Mare, i ministri negli ambienti del Padiglione del Mare mentre una delegazione della Confindustria dei due paesi si confrontava nella Residenza del Arsenale.
I giornalisti lavoravano nella sala stampa ospitata per l'occasione negli spazi del ristorante della Residenza dell'Arsenale. Una volta partiti gli elicotteri si è velocemente smontato l'allestimento più ufficiale per lasciare spazio alle mostre e alle attività previste per l'inaugurazione dei giorni successivi.
Il 12 e il 13 Settembre si sono svolti due giorni di festa per l'apertura dell'Arsenale alla città con mostre, regate, concerti, fuochi d'artificio e la cena offerta dalla Protezione Civile alle migliaia di visitatori presenti.

Arrival: Wednesday September 8th 2009 | Departure: Monday September 14th 2009

Giovanna Silva came to La Maddalena for the Arsenale's debut. The 10th of September the bi-lateral summit between Spain and Italy was held in presence of Prime Minister Silvio Berlusconi, President José Luis Rodríguez Zapatero and a great number of their cabinet ministers. The heads of state met at the House of the Sea, the ministers within the spaces of the Sea Pavilion while both country's industrial delegations assembled at the Arsenale Residence.
Once the helicopters had left the official staging was quickly dismounted to leave space for the exhibitions and activities planned for the opening of the Arsenale in the following days. On the 12th and 13th of September exhibitions, regattas, concerts, fireworks and a banquet offered by the Department for Civil Protection for the thousands of visitors, marked the two days of festivity that officially opened the Arsenale to the public.

CARABINIERI

ARMIN **LINKE**

Arrivo: lunedì 12 ottobre 2009 | Partenza: giovedì 14 ottobre 2009

Armin Linke è arrivato a La Maddalena ad Ottobre 2009. Le affollate giornate del vertice e dell'inaugurazione erano terminate da tempo e il nuovo Arsenale stava preparandosi al primo inverno. Parallelamente alla presa di possesso degli spazi da parte dei nuovi gestori privati è rimasta sull'isola la Protezione Civile, per organizzare il grande evento di Maggio 2010. I riflettori mondiali si punteranno nuovamente su La Maddalena in occasione della regata Louis Vuitton Cup, quando l'Arsenale sarà finalmente usato come grande polo nautico nel Mediterraneo, destino previsto fin dall'inizio di tutti progetti.

Arrival: Monday October 12th 2009 | Departure: Thursday October 14th 2009

Armin Linke arrived at La Maddalena in October 2009. The crowded days of the summit and the inauguration has ended a long time ago and the new Arsenale was preparing for its first winter. In parallel to turning over of the spaces to the new management the Department for Civil Protection had remained on the island to organize the great event of May 2009. The world's attention will once again focus on La Maddalena for the Louis Vuitton Cup regatta occasion in which the Arsenale will be finally used as a large Mediterranean nautical pole, vocation that it was programmed for from the on set of the project.

STORIA E STORIE DELL'ARSENALE

di Barbara Cadeddu

La storia di La Maddalena è la storia di una comunità nata e modellatasi, anche in termini di spazi fisici, intorno ad esigenze di difesa nazionale e ad equilibri geopolitici di scala mondiale.
Per la sua posizione strategica, al centro del Mediterraneo occidentale ed equidistante dai punti militarmente più importanti dei litorali italiano e francese, La Maddalena, già base navale della Marina Sarda dai primi anni dell'Ottocento, risulta nuovamente di interesse per il Ministero della Marina e quello della Guerra, tra il 1882 e 1883.
Il *Regio Cantiere* comincia a prendere forma nel 1886, quando l'Arcipelago viene classificato come *idoneo* per essere dotato di stabilimenti marittimi e depositi per i materiali occorrenti alla Regia Marina. Durante i lavori di costruzione dell'arsenale, iniziati nel 1891, vengono impiegati circa duecento condannati presenti nella colonia penale, insieme a 25 operai civili specializzati, sotto la direzione del tenente del Genio Giovanni Moneta.
Intorno all'Arsenale e all'indotto legato alle attività produttive, sorge un primo nucleo di abitazioni, immediatamente ad est del cantiere, nella zona oggi denominata "Vaticano", e successivamente iniziano i lavori di costruzione di un intero comparto di case operaie nel vicino quartiere "Moneta". Possiamo dire che, in generale, lo sviluppo urbanistico dell'Isola si è realizzato in funzione delle logiche militari.
L'Arsenale vive fasi alterne. Nel 1936 raggiunge la massima efficienza, nel 1945 viene declassato e nel 1951 ricomincia gradualmente a funzionare sia pure con compiti molto limitati. Agli inizi degli anni Settanta, nel momento di massimo vigore postbellico, il numero degli operai impiegati nelle officine raggiunge le 680 unità. Negli stessi anni la popolazione delle isole dell'Arcipelago è di 16.132 di cui 2.000 militari italiani e 3.000 addetti americani, che arrivano ad essere 5.000 nel 1988 a fronte di quasi 19.000 abitanti totali.
Il numero dei lavoratori riprende gradualmente a diminuire nel 1980, fino al definitivo declassamento del comparto, legato alla definizione da parte del governo di un "Nuovo Modello di Difesa", nel 1992. Venute a mancare le grandi attività produttive, e dati gli alti costi di manutenzione degli edifici, dopo una ulteriore riduzione di organico, nei primi anni del XXI secolo le strutture della base italiana, si trovano in stato di semi-abbandono.
Nel 2008 viene chiusa anche la base americana di supporto ai sommergibili a propulsione nucleare del Gruppo Sommergibili della VI Flotta statunitense nel Mediterraneo, impiantata sull'Isola di S. Stefano nel 1972.
Mutato il sistema strategico e di difesa internazionale, questo complesso processo trasformativo, lascia sull'isola un patrimonio di competenze e capacità legate ad attività come la cantieristica navale e le piccole attività manifatturiere, acquisite dalle generazioni che hanno lavorato all'Arsenale della Marina Militare Italiana. Non di meno, la grande disponibilità di spazi liberati, la presenza di fortificazioni storiche e batterie, si offre come possibile scenario rispetto a nuove importanti attività produttive.
La storia recente sembra promettere un ruolo diverso all'Arcipelago, basato su un'idea di sviluppo rivolto alla valorizzazione delle sue potenzialità culturali, ambientali e turistiche.

HISTORY AND TALES OF THE ARSENALE

by Barbara Cadeddu

The history of La Maddalena is the history of a community born and shaped, both physically and otherwise, to meet national defence requirements and help maintain the balance of world geopolitical power.
Due to its strategic position at the centre of the western Mediterranean, equidistant from key military installations on the French and Italian coasts, and itself a naval base of the Kingdom of Sardinia since the early 19th century, La Maddalena once again attracts the attention of the Italian ministries of Navy and War in 1882-83.
The *Regio Cantiere*, or Royal Dockyard, began to take shape in 1886 when the archipelago was classified as "suitable" for naval installations and supply stores. For the construction of the Arsenale, initiated in 1891, approximately 200 convicts from the nearby penal colony and 25 skilled labourers worked under the command of lieutenant engineer Giovanni Moneta.
The Arsenale and its activities gave rise to an initial settlement just to the east of the dockyard in the area now called Vaticano, and later a whole estate of workers' cottages built in the Moneta quarter. Generally speaking, it would be true to say that the island's urban development was largely tailored to military requirements.
The Arsenale had its ups and downs. It 1936 it reached its maximum efficiency only to be downgraded in 1945 and then gradually brought back into service, though on a very limited basis, beginning in 1951. In the early 1970s, when postwar military activity was at its height, the number of dockyard workers rose to 680. During the same period, the population of the archipelago as whole reached 16,132, including 2000 Italian and 3000 American military personnel, the latter rising to 5000 in 1998 out of a total of almost 19,000 inhabitants.
The number of Arsenale workers started to drop again in 1980 and kept falling until the base was permanently downgraded as part of the government's New Defence Strategy announced in 1992. Stripped of its productive role and burdened with high maintenance costs, the Italian base was in a semi-derelict state by the early years of the 21st century.
Installed on the island of Santo Stefano in 1972, the American nuclear submarine base serving the American 7th fleet in the Mediterranean closed in 2008.
With changes in the international strategic and defence, this complex transformative process left on the island a legacy of skills and know how linked to the activities light engineering and manufacturing acquired by generations inhabitants that worked at the Arsenale of the Italian Navy. Nevertheless, the abundance of empty space and the presence of long-established fortifications and batteries offers today the setting for new and potentially lucrative forms of enterprise.
Recent events suggest that the Archipelago may have a new role based on its potential as an environmental, cultural and tourist attraction.

Le voci

Estratti di interviste tratte dal video "La Maddalena e il suo Arsenale", *realizzato da* Francesca Cogni *e* Donatello De Mattia *e prodotto da* Stefano Boeri Architetti

Lucia Spanu

Giuseppe Luigi Fadda e/and Leopoldo Gala

Lucia Spanu, 1951, responsabile del Museo del Mare e delle Attività Marinare del C.E.A, a Stagnali, Presidente di Italia Nostra –sezione La Maddalena– associazione con cui si occupa delle problematiche del territorio in termini di conservazione e tutela ambientale e mantenimento della cultura locale della comunità maddalenina. Lavora sulla sensibilizzazione dei giovani rispetto a queste tematiche

Giuseppe Luigi Fadda e **Leopoldo Gala**, ultraottantenni, sono due ex operai dell'Arsenale. Giuseppe ha frequentato la scuola operai dal 43 al 45. Aveva 15 anni quando ha cominciato a lavorare. Leopoldo ex palombaro e tecnico della camera iperbarica ha prestato servizio fino agli anni Ottanta.

Paolo Sorba, 1959, libraio dal 1985. Editore, nel 1989 fonda la libreria dell'isola. Appassionato studioso di Storia, è un profondo conoscitore delle vicende, delle risorse ambientali e delle architetture storiche di La Maddalena.

Lucia: «La Maddalena nasce per la sua importanza strategica strettamente militare, per cui si sviluppa attraverso e attorno a questo discorso. La comunità è tale e diventa tale, con una sua cultura, con una propria società, con una propria economia, proprio perché c'è l'Arsenale Militare e perché c'è la Marina. Potremmo dire che siamo figli della Marina Militare. Della Regia Marina prima, e, Ministero della Difesa dopo.»

Paolo: «La Marina è stata fortemente caratterizzante, a parte che è nata qui a La Maddalena. Il Barone de Geneys ha fondato qui il primo nucleo della Marina, prima sarda poi italiana, realizzando qui il primo nucleo della Marina sarda-piemontese.»

«Presenza importante, sempre nel settore militare, è stata anche quella statunitense che abbiamo avuto qua per trent'anni, dal 1972 fino all'anno scorso (2007). Era una presenza notevole, sia in termini numerici sia di impatto sulla cittadinanza e sull'economia del paese.»

Paolo: «Veniva definita la piccola Parigi, La Maddalena, proprio perché aveva sia un'economia che una vita culturale particolarmente ricca con la presenza di cinema locali, sale da ballo e anche diverse case chiuse.»

«La presenza statale ha impigrito quello che poteva essere l'aspetto più imprenditoriale legato al turismo, o allo sviluppo delle attività più tradizionali quali la marineria o la pesca.»

L'Arsenale e la sua storia

Lucia: «Parlare dell'Arsenale Militare e parlare di La Maddalena e quindi del suo arcipelago, è un tutt'uno.»

«L'Arsenale Militare, che è sistemato nell'ultima, estrema parte di Levante di La Maddalena, aveva due ingressi. Non era facile entrare, c'erano anche i Carabinieri a guardia, non solo i civili.»

«I ritmi degli operai erano scanditi dalla campana che veniva suonata all'ingresso e dall'orologio della direzione, che faceva capire loro quale fosse il momento della giornata lavorativa.»

Giuseppe: «C'era il lattoniere, c'era la fonderia, i meccanici, gli stagnini. Poi c'erano congegnatori, tornitori, calderai, carpentieri in legno e in ferro, falegnami, armaioli, tutte le categorie . Poi c'era l'officina siluri, la centrale, l'officina elettricisti, il molo carbone.»

Leopoldo: «L'Arsenale, agli effetti era un luogo che produceva anche attrezzature nuove, e in più dava assistenza alle navi da guerra,

The voices

Interviews extracted from
"La Maddalena e il suo Arsenale",
a film by
Francesca Cogni
and Donatello De Mattia
produced by
Stefano Boeri Architetti

Lucia Spanu, 1951, curator of the C.E.A. Museum of the Sea, Stagnali, and President of the La Maddalena section of Italia Nostra, where she is involved in environmental conservation and preserving the local culture of the Maddalena community by making young people more aware of the problems this entails.

Giuseppe Luigi Fadda and **Leopoldo Gala**, both former Arsenal workers, and both over 80 years old. Giuseppe went to apprentice school from 1943 to 1945, and started work at the age of 15. Leopoldo, a former diver and pressure-chamber technician worked there until he was 80.

Paolo Sorba, 1959, a bookseller until 1985, and a publisher. He founded la libreria dell'isola (The Island Bookshop) in 1989. As a keen historian, he has a profound knowledge of the history, environmental resources and historical buildings of La Maddalena.

Lucia: "La Maddalena was created because of its purely military importance. It developed through and around the military imperatives of its day. The community is what it is, and became what it is, with its own culture, its own society, its own economy, because the Arsenal was there, and the navy was there. You could say we're all children of the navy, first the Sardinian Royal Navy, and then the Ministry of Defence."
Paolo: "The navy has played a major role, apart from the fact that it was actually created here at La Maddalena. The Baron de Geneys set up the first navy unit here, originally Sardinian and then Italian, the first navy of the Kingdom of Sardinia and Piedmont.
"Another important presence, again military, was the American naval base we had here for 30 years, from 1972 to last year [2007]. It was a major presence, both in terms of numbers and the impact it had on the local people and economy."

Paolo: "La Maddalena was called Little Paris because it had such a well developed economy and cultural life, with local cinemas and ballrooms as well as quite a few brothels.
"The presence of the state stifled what could have been more enterprising things like tourism and the development of more traditional activities like sailing and fishing."

The Arsenale and its history

Lucia: "Talking about the Arsenal means talking about La Maddalena and its archipelago, too. They're one and the same thing.
"The Arsenal, which lies in the easternmost part of La Maddalena, had two entrances. It wasn't easy to get in. There were Carabinieri there, guarding the gates, as well as civilians.
"The workers' lives were regulated by the bell that rang at the gates and the management clock that told them where they were in the working day."
Giuseppe: "There was the tinsmith's, the foundry, the mechanics, the tin workers. Then there were the repairmen, the turners, the boilermakers, the wood-workers and metal-workers, the carpenters, the armourers, all the different kinds of workers. There was also the torpedo shop, the power plant, the electrical shop, the coal jetty."
Leopoldo: "The Arsenal was also a place that made new equipment.

a tutte le navi di piccolo tonnellaggio della Marina Militare. Si facevano riparazioni in genere. Nei bacini le navi facevano carenaggio, si eseguivano manutenzioni ai sommergibili e lavori ai motori.»

Leopoldo: «Per il comando c'era un colonnello della Marina e poi ogni reparto aveva il suo caporeparto civile, che era un capo operaio, uno competente del mestiere, intendiamoci.»

Lucia: «Nella zona vicina alla direzione, agli uffici e ai Carabinieri che tuttora continuano a esserci, è passata la maggior parte dei giovani e non giovani maddalenini, perché qua c'era la scuola allievi-operai. Si entrava a 14 anni e durava 3 anni. Questa è stata una scuola, oltre che di lavoro, di vita per i ragazzi che negli anni si sono avvicendati e che poi hanno sostituito man mano le varie maestranze.»

Giuseppe: «Io qui nel '43 ho cominciato, avevo 15 anni.»

Leopoldo: «Dal '42, fino al '46 '47 eravamo circa 1200.»

Giuseppe: «Poi mano a mano c'è stato un taglio, i trasferimenti e sono cominciati i licenziamenti.»

Leopoldo: «Quest'Arsenale, dal 1980 ha incominciato ad andare in regresso. Dal 1980, io non lo dimentico, perché sono andato via, e incominciavano a fare l'assunzione dalla lista giovanile: diplomati e donne.»

Paolo: «Le leggi sull'occupazione hanno chiaramente introdotto nuove figure di operai con funzioni da impiegato, per cui c'è stato un decadimento anche di professionalità, perché si sono assunte molte persone non qualificate o comunque che non avevano competenze specifiche.»

Leopoldo: «Una parte degli operai è rimasta in officina, ma qualcuno poi ha cambiato categoria. Specialmente le donne, una buona parte delle donne sono andate a finire negli uffici. C'erano due sedie e sei impiegati.»

Paolo: «Sarebbe un peccato perdere sicuramente una cultura e delle professionalità che ci sono state e ci sono, che sono ben presenti sull'isola e che quindi potrebbero avere una continuità, non più legata esclusivamente al settore militare ma anche a quello civile.»

«Certamente usufruire delle professionalità legate alla Marina Militare, per la formazione del personale. Questo può succedere in vari settori, dalla Marina anche a una possibile università del mare, che non è una cosa così [tanto] campata per aria. Qui avevamo tutte le possibilità di avere laboratori di biologia marina, osservatori, e tutto ciò che è legato al mare. Abbiamo delle strutture enormi, nelle ex zone militari, o ancora da dismettere, che potrebbero essere utilizzate sia come laboratori sia come scuole. »

Lucia: «Il G8 ha rappresentato la molla per un discorso nuovo, per una Marina che ormai languiva, che ormai dismetteva, che ormai non c'era più in questo arcipelago, era soltanto il grimaldello per iniziare un nuovo discorso, strettamente e grandemente culturale. »

«La mancata realizzazione dell'evento lascia dell'amarezza, anzi certamente della rabbia, perché si pensava che fosse quello il punto di partenza per iniziare da capo questa nuova vita.»

«Dico che però, tutto ciò che è stato fatto per il G8, che rimane, è una grande fortuna e ricchezza per quest'arcipelago perché, mai e poi mai avremmo potuto arrivare a dei cambiamenti e capovolgimenti così grandi e importanti. »

Lucia: «Dovrebbe essere il fulcro, questo Arsenale militare, nuovo, ridisegnato e rimodulato, per capire e iniziare una nuova vita economica, quindi, sociale e culturale.»

It also serviced the warships and all the navy's smaller, lighter ships. It took care of repairs in general.
"In the dockyards the ships had their bottoms cleaned, the submarines were serviced and engines were repaired and maintained."
Leopoldo: "In charge there was a navy colonel and then each department had a civilian superintendent who was foreman, someone who knew the job, if you see what I mean."
Lucia: "Most of La Maddalena's young and older people passed through the area next to the management block, the offices and the Carabinieri, who are still there, because that's where the apprentice school was. You started when you were 14 and stayed for 3 years. As well as teaching a trade, it was also a school of life for the lads who went there and later took over on the shop floor."
Giuseppe: "I started here in '43, I was 15."
Leopoldo: From '42 to '46-47 there were about 1200 of us."
Giuseppe: "Then, little by little, there were cuts and transfers, and then the redundancies started."
Leopoldo: "The Arsenal started going downhill in 1980. I'll never forget 1980. It was when I left and they started recruiting young school-leavers and women."
Paolo: "Obviously, the employment laws brought in new people who were really clerical workers, so there was also a drop in the level of skills because a lot of the people who were taken on weren't qualified for the job, or at any rate had no specific skills."
Leopoldo: "Some of the workers stayed on the shop floor, but others changed category later on, especially the women. Most of the women ended up working in the offices. There were two chairs and six clerks."
Paolo: "It would certainly be a shame to lose the culture and skills we used to have and still have now. They're still a part of the island so some sort of continuity might be possible, not with the military sector alone but also with civilian life.
"Our navy skills could certainly be used to train new people. This could happen in various sectors, like the navy, and even a future university of the sea, which isn't so airy-fairy as it sounds. Here we have all the facilities for marine biology labs, observatories and everything else connected with the sea. We have huge structures in the former military areas, and others that still haven't been decommissioned and could be used for laboratories and schools."
Lucia: "The G8 gave momentum to a new way of thinking about a navy that was falling behind, losing relevance. It was no longer a presence on the archipelago, but it was the key to a new approach that was strictly and enormously cultural.
"The fact that the G8 never took place has left bitterness, and certainly even anger in its wake because it was seen as the starting point for a new life, a way of getting back to square one.
"However, I would say that everything that was done in preparation for the G8, everything it left behind, has proved a great asset to the archipelago because otherwise we would never ever have achieved changes and upheavals on such a scale."
Lucia: "The new, restyled Arsenal should be a fulcrum to help us understand and begin a new economic and therefore cultural and social life."

Paolo Sorba

UN RE SENZA REGNO

Intervista di Barbara Cadeddu ad Angelo Comiti

Angelo Comiti, Primo Cittadino, dall'annuncio del G8 nell'Isola, ha vissuto l'avvicendarsi di due governi nazionali e due regionali, ha visto una parte della propria città trasformarsi dietro il Segreto di Stato, riempirsi di uomini e mezzi e poi svuotarsi, all'improvviso.
Non c'è nessuna retorica nelle parole del Sindaco di La Maddalena, solo grandi attese rispetto ad un futuro ancora da scrivere.

Lei – come Sindaco di La Maddalena - si è definito spesso con la stampa "una specie di re senza regno". Che cosa intende esattamente?
«Intendo dire che da qualunque finestra del Palazzo Comunale ci si affacci, tutto quello che si vede è sempre di qualcun altro.
Questo qualcun altro, in linea di massima, è il Ministero della Difesa, che deteneva e continua a detenere superfici importantissime di questo territorio, poi c'è il Ministero dell'Ambiente, delle Infrastrutture e il Ministero delle Politiche Agricole.»
«Tuttavia si sta registrando un cambiamento. La testimonianza concreta sono il nuovo Arsenale, l'ex Ospedale Militare, una parte di Santo Stefano, Punta Rossa e tutta la vicenda-che sta arrivando alla conclusione- per la promulgazione di un DPCM che permette alla Regione di delegare al Comune le funzioni in materia di demanio marittimo.»

Questo cambiamento è iniziato dopo la designazione di La Maddalena quale sede del massimo vertice politico mondiale della storia, forse l'ultimo del suo genere (il quinto in Italia, otto anni dopo quello di Genova)?
«In realtà è iniziato ben prima, con l'impegno da parte di una molteplicità di Istituzioni, ma anche di persone. Per primo Renato Soru, che con una determinazione straordinaria, ha portato avanti una battaglia senza precedenti e delle rivendicazioni difficilissime, nei confronti di un mondo in cui non si era mai riusciti a fare breccia.»

Si riferisce alla chiusura, dopo 35 anni di attività, della base d'appoggio per sommergibili nucleari della US Navy?
« Naturalmente, perché dal momento in cui sono andati via gli americani, si è aperta una partita di carattere economico vera, per cercare di tracciare un futuro per questa collettività. Si sono avviati dei tavoli istituzionali Regione-Governo, Regione e Ministero della Difesa, per far si che tutta una serie di strutture di grandissimo valore, che erano trattenute dal Ministero della Difesa, venissero messe a disposizione della società civile.»
«In questo nuovo quadro, il G8 a La Maddalena, non è capitato per caso. Il nome del Comune non è stato estratto a sorte da un'urna all'interno della quale c'erano i nomi dei comuni di tutta Italia: è stata una scelta e su questa scelta è stato costruito un progetto di carattere politico istituzionale ed economico. Ancora una volta c'è stata una grandissima intuizione da parte del Presidente Soru.»
«Sicuramente La Maddalena, dall'Amministrazione Regionale guidata da Renato Soru, è stata eletta a simbolo di una riconversione possibile da una economia militare ad una altra cosa. E questo risultato si è raggiunto senza fare dell'antimilitarismo bieco, becero, ma facendo dei ragionamenti.»

La Marina Sarda (diventata Marina Militare dopo l'Unità d'Italia) è nata a La Maddalena. Che cosa ha significato per la comunità la forte e costante presenza militare, e quale ruolo dovrebbe assumere, ora che le condizioni locali e gli equilibri geopolitici del Mediterraneo sono cambiati?
«La presenza della Marina Militare e del Ministero della Difesa in questa città ha significato sempre quasi tutto.
Noi abbiamo avuto un'intima mescolanza, come comunità, con questa presenza che ci ha aiutato su diversi fronti e per molti anni ha garantito un reddito per la collettività.»
«Proprio per questo motivo, il ragionamento non è quello di negare tutto ciò che il Ministero della Difesa ha rappresentato e può ancora rappresentare per la città, ma di valorizzarne addirittura l'essenza. Un modo potrebbe essere quello di aprire la Scuola di formazione sottoufficiali della Marina Militare - che potenzialmente è uno dei campus più grandi in Italia, che non ha eguali certamente in Sardegna- alla formazione professionale di tutti i Corpi della Marina Militare e delle Capitanerie di Porto, della Protezione Civile, ma

A KING WITHOUT A KINGDOM

Interview with Angelo Comiti by Barbara Cadeddu

From the moment the announcement was made to hold the G8 Summit on the island, Mayor Angelo Comiti experienced the alternation of two Italian national and two regional governments and witnessed a portion of his city undergo transformation as the result of state secrets and be filled with men and means, only to suddenly remain empty.
The words of the mayor of La Maddalena contain no rhetoric, only great expectations with respect to a future that still has to be written about.

As the mayor of La Maddalena, you have often described yourself to the press as a 'sort of kingdom without a king'. What do you mean exactly?
"What I mean is that anytime time you look out of any of the windows in city hall, everything you see always belongs to someone else. Generally, this someone else is the Italian Minister for Defence, who possessed and continues possessing extremely important surface areas in this area. And then there are the Italian Minister for the Environment, of Infrastructures and the Italian Ministry of Agriculture."
"However, things are changing. Concrete proof of this lies in the new Arsenal, the former Military Hospital, a section of Santo Stefano, Punta Rossa and the entire vicissitude - that is coming to an end – involving the promulgation of an Italian Prime Ministerial Decree allowing the Region of Sardinia to delegate functions concerning the public maritime domain to the Municipality."

Did this change take place after the nomination of La Maddalena as the venue for the most important international political summit in history, perhaps the last of its kind (the 5th in Italy, 8 years after the one held in Genoa)?
"In all truth, it started much earlier and included a commitment by several Italian institutions and people too. First and foremost, there was Renato Soru who was extremely determined to pursue an unprecedented battle and make exceptionally difficult claims in a world in which taking a step forward had always been impossible."

Are you referring to the U.S. Navy closing its nuclear submarine base after 35 years of activity?
"Naturally, because the true economic match to outline a future for this community started the moment the Americans left. Institutional tables were started between the Sardinian Region and the Italian government and between the Region and the Italian Ministry for Defence, to ensure a series of extremely valuable buildings held by the Ministry for Defence were made available to the civil society."
"The G8 Summit in La Maddalena wasn't merely a coincidence within this new framework. The name of the Municipality wasn't pulled out of drum in a lot draw containing the names of cities throughout Italy - it was a choice, and a project of an economic and institutional nature was based on this choice.
Once again, Regional President Soru was extremely intuitive."
"Certainly the Regional Administration headed by Renato Soru chose La Maddalena as a symbol for the possible reconversion from a military-based economy to something else. These results were achieved without any sinister, boorish feelings of antimilitarism, but rather through reasoning."

The Sardinian Navy (which later became the Italian Navy after Italian unity) was founded in La Maddalena. What did strong, constant military presence mean for the community, and what role should it take on now that the local conditions and geopolitical balances in the Mediterranean have changed?
"The presence of the Italian Navy and the Ministry for Defence in this city has always meant almost everything.
We as a community have been intimately united with this presence, which has helped us in various ways and has provided revenue for the community for many years."
"It is precisely for these reasons that our logic doesn't involve denying everything the Ministry for Defence has represented and may still represent for the city, but rather actually entails valorising its essence. One method may be to open the training school for non-commissioned officers in the Italian Navy (which is potentially one of the largest campuses in Italy and is certainly not rivalled in

anche di parti della società civile. Questo potrebbe essere il senso della Marina Militare oggi a La Maddalena.»

Torniamo all'inversione di tendenza e alle sfide vinte. Lei prima ha parlato di persone, di quanto siano stati importanti l'impegno e la passione di alcuni per il raggiungimento di un obiettivo complesso come quello di portare a termine le opere legate al Grande Evento. Può essere più chiaro?

«Certo, perché dentro questo ragionamento di carattere generale, bisogna anche essere fortunati. Mi riferisco a tutto il meccanismo che si è attivato, che ha affidato a Bertolaso la responsabilità di portare avanti questa vicenda, e alle sinergie che si sono venute a creare.

C'è stata una concomitanza di tanti fattori positivi: primo una grandissima capacità organizzativa di una struttura rodata, che è il Dipartimento della Protezione Civile, che si è dimostrato essere un settore della vita pubblica italiana efficiente, pregno di responsabilità e competenza; in secondo luogo si è trovata l'eccellenza da un punto di vista della qualità professionale, hanno operato delle imprese che sono state all'altezza della situazione, abbiamo avuto un pool di progettisti eccezionali, ad iniziare da Stefano Boeri, che con il suo studio non solo ha recuperato delle strutture in maniera mirabile, ma è riuscito ad inserire con una perizia notevole anche un elemento nuovo, all'interno di un comparto dei primi dell'Otttocento. La Casa del Mare è il fiore all'occhiello della riconversione.»

Ormai questa eredità potente in termini di nuovi spazi, è passata alla Regione Sardegna. Quale significato pensa possa assumere e quali prospettive inedite crede che possa aprire alla comunità locale e all'intera Isola in termini di sviluppo?

«Ecco noi, a La Maddalena, con questa grandissima operazione di riorganizzazione urbanistica e architettonica, abbiamo la possibilità di fare il salto di qualità, di presentarci al mondo intero con delle strutture che sono uniche nel Mediterraneo dal punto di vista della qualità e della potenzialità, ma questo percorso va ultimato e messo a regime in un contesto che è quello nazionale, e soprattutto va inquadrato nelle linee programmatiche della nostra Regione, nel suo progetto di sviluppo.»

«Ora bisogna puntare sulla opportunità che intorno a queste strutture crescano delle professionalità capaci di recuperare quelle del passato, con il grado di specializzazione che ci vuole oggi. Per questo è necessario rivolgersi alla formazione, legandola alla nostra cultura tradizionale, all'Istituto Tecnico Nautico, che potrebbe diventare un punto di riferimento per la preparazione di tutti coloro che nella nostra regione vogliono intraprendere le professioni del mare, ed agli operatori artigiani nel settore della nautica presenti sul territorio, che sono in grado di offrire prodotti che oggi sono di nicchia ma che possono essere promossi a livello anche internazionale.»

«Proprio perché ci sembra importante puntare anche sulla formazione (quella post-universitaria, ma anche quella di quadri dirigenziali di alto livello), abbiamo costituito il "polo formativo città di La Maddalena", che avrà come sede la ex scuola della Seis – una struttura che usavano gli americani, oggi passata al Comune. I nostri partner sono l'Università di Sassari, Confcommercio nazionale, Federalberghi nazionale, Federturismo, la scuola di formazione arti e mestieri, che ha sede a Milano, e c'è l'intendimento di coinvolgere, nella parte della formazione, la Regione Sardegna.

Il progetto ha già un suo fondamento in un atto notarile ed ha una piccola dotazione finanziaria per la fase di start-up. Affidiamo a questa iniziativa una parte del futuro economico della nostra città.»

«Bisogna ripartire da queste questioni e smettere di puntare sulle esigenze contingenti di una economia certamente in difficoltà, ma che deve essere impostata per dare un futuro. Ecco credo che La Maddalena oggi, con quelle strutture, rappresenti una prospettiva di futuro per la Regione stessa.»

«Certamente ci sono cose che devono essere ultimate, con attività compatibili con la vocazione naturale di una città-parco (parlo di mare, vela, cantieristica), con dei ragionamenti che sono dentro la storia: il nostro futuro è nella valorizzazione della nostra terra, della nostra cultura e delle potenzialità che questa terra ha all'interno di un'offerta turistica che non deve avere termini di paragone.»

La vela è sicuramente un'opportunità di sviluppo. Ormai è ufficiale che la Louis Vuitton Cup si terrà al La Maddalena. Il prossimo traguardo è quello di portare la coppa America nell'Isola?

«Ci stiamo muovendo verso questo obiettivo. Nell'eventualità in cui la Coppa America dovesse disputarsi all'interno di uno scenario europeo, credo che La Maddalena abbia le caratteristiche, con queste nuove strutture, per poter ospitare l'evento, anche perché abbiamo il campo di regata più importante del mondo, c'è una cultura della vela, ci sono elementi naturali che depongono a questo favore (il vento prima di tutto). Intanto la LV Cup è un evento di carattere mondiale strabiliante e si svolgerà sicuramente qui nel prossimo maggio. Stiamo lavorando perché la sede venga riconfermata per il quinquennio successivo. Credo che con questi presupposti ci possano essere delle buone speranze perché la Coppa America possa approdare in quel sito.»

È vero che recentemente c'è stato anche un rinnovato interesse da parte di Karim Aga Khan verso l'ex-Arsenale Militare?

«Il Principe, che per la Gallura ha fatto moltissimo e ha fatto bene, ha manifestato un interessamento rivolto non solo all'attivazione di eventi all'interno dell'Arsenale, ma alla città nel suo complesso. Spero che questa attenzione si possa concretizzare, perché il vero valore aggiunto dell'operazione di riconversione è la città di La Maddalena, col suo centro storico, la sua cultura, con la sua esistenza come comunità breve ma intensa (di avvenimenti e personaggi). In 250 anni di storia qui sono passati Orazio Nelson, Napoleone, Giuseppe Garibaldi. Quindi anche in previsione del 2011, l'anno del centocinquantesimo anniversario dell'Unità di Italia, credo che l'Arcipelago, soprattutto con l'isola di Caprera, possa rappresentare davvero un luogo dal quale avviare delle riflessioni profonde. Perché Garibaldi è il simbolo dell'unità nazionale, è un eroe che ritroviamo nell'immaginario collettivo mondiale, ma era anche un naturalista e grande marinaio, che ha scelto di passare 30 anni e di essere sepolto a Caprera. Da questo luogo, nel 2011, possono ripartire delle iniziative e dei messaggi capaci di assumere un senso e una dimensione collettiva importanti.»

Sardinia) to provide professional training to all corps within the Italian Navy, port authorities, Civil Defence and also parts of civil society. This may be the true sense of the Italian Navy today in La Maddalena."

Let's get back to the radical change of direction and the challenges that have been overcome. You spoke earlier about people and how important the commitment and the passion of several individuals was in achieving such a complex goal as the completion of the work tied to the great event. Can you be a little more specific?
"Certainly, because there is also an element of luck in this general reasoning. I am referring to the entire mechanism that was activated that appointed Bertolaso with the responsibility of moving the project forward, and the resulting synergies.
There was a combination of many positive factors: first, the immense ability to organise a conditioned structure such as the Italian Department for Civil Defence, which has proven to be an efficient sector within Italian public life, and full of responsibilities and expertise. Secondly, excellent professional qualities were provided by the firms, which were up to the task. We had an exceptional pool of designers starting with Stefano Boeri, whose office not only reclaimed the buildings in an admirable fashion, but was also able to skilfully add a new 19th-century building complex. The main conference building is the crowning achievement of the reconversion."

Now this inheritance involving a substantially large area has been given to the Region of Sardinia. How important is this and what new prospects in terms of development will it provide to the local community and the entire island?
"This large operation involving urban and architectural reorganisation has allowed us here in La Maddalena to take a step up the ladder and to present ourselves to the entire world with buildings unique to the Mediterranean in terms of quality and potential, but this journey must be completed and implemented within a national context and moreover, it must be organised within the policy lines of our region and its project for development."
"Now we have to gamble on the professionalism being developed around these buildings and its ability to reclaim structures from the past while implementing the type of specialisation required today. For this reason it is necessary to implement training by tying it to our traditional culture, and to involve the Istituto Tecnico Nautico (Nautical Technical Institution), which may become a reference point for training all those local individuals who wish to undertake professions connected to the seal. We should also focus on local artisans – who can also be promoted internationally - in the nautical industry who are able to offer what are currently considered niche products."
"It is precisely because we feel that this training (post-university but also for top-level executives) is important that we have established the 'La Maddalena training centre', whose headquarters will be the former Seis school – a structure used by the Americans and currently in the hands of the Municipality. Our partners are the University of Sassari, Confcommercio (the Italian General Confederation of Commerce), Federalberghi (the Italian Federation of Hotels), Federturismo (the Italian National Federation of the Travel and Tourism Industry) and the arts and skills training school based in Milan (Italy). We also intend involving the Region of Sardinia in the training segment. The project is already based on a legal document and has a small financial endowment for the start-up phase.
We are entrusting this initiative with a portion of the economic future of our city."
"We must start with these matters and stop betting on the contingent needs of an economy that is certainly in difficulty, but that must be organised to provide a future. I believe that with these structures, La Maddalena is currently a future prospect for the region itself."
"Certainly several things still must be completed by implementing activities compatible with the natural vocation of a city-park (I am speaking of the sea, sailing and shipbuilding) and reasoning based on history: our future lies in our ability to valorise our land and our culture, and the potential this land has within a tourism context that must be unrivalled."

Sailing is certainly an opportunity for development. It is now official that the Louis Vuitton Cup will be held in La Maddalena. Does the next goal involve bringing the America's Cup to the island?
"We are working towards that goal. Should the America's Cup be held in Europe, I believe that with these new buildings, La Maddalena has the characteristics to be able to host the event – also because we have the most important regatta course in the world, a sailing culture and favouring natural elements (first and foremost the wind). In the meantime, the LV Cup is an amazing international event and it will certainly be held here next May. We are working on assuring the venue will be reconfirmed for the subsequent five-year period. I believe that these conditions provide promising hope that the America's Cup can land here."

Is it true that Karim Aga Khan has recently shown renewed interest towards the former Military Arsenal?
"The Prince, who has done many good things for the Sardinian area of Gallura, has not only shown interest in the idea of holding events at the Arsenal, but also in the entire city. I hope this attention can be concretised because the true added value of the reconversion operation is the city of La Maddalena, with its old town centre, culture and short but intense existence as a community (of happenings and personalities). 250 years of local history include figures such as Orazio Nelson, Napoleon and Giuseppe Garibaldi. So in light of 2011, which marks the 150th anniversary of the Unity of Italy, I believe the Archipelago – and especially the island of Caprera – can truly represent a place where observations can begin. Because Garibaldi is the symbol of Italian unity and he is a hero in the collective imagination of the world, but he was also a naturalist and great marine who chose to spend 30 years on the island of Caprera and to be buried there. It is from this location that initiatives and messages able to make sense and with a significant collective impact can resume in 2011."

Fatto del Giorno

Giovedì 15 maggio

IL FUTURO DELLA CITTA' CATALANA

Renato Soru promette di impegnarsi perché tra gli appalti ci sia anche la nuova quattro corsie

Il G8 mette le ali alla Olbia-Sassari-Alghero

...a sfida: cantieri chiusi entro il 2009
...spolverato un vecchio progetto Anas

di Silvia Sanna

ALGHERO. I grandi della terra danno le ali al sogno della quattro corsie Sassari-Olbia. E fanno allungare la colata di asfalto sino ad Alghero. Parola di Soru. Ad Angelo Balducci, capo del Dipartimento dello sviluppo, numero 2 di Bertolaso e responsabile degli appalti di tutti i grandi eventi, il governatore chiederà che tra gli appalti per il G8 sia inserito il primo lotto della Alghero-Sassari e della tangenziale per Alghero. La sfida è chiudere il mega cantiere entro il luglio del 2009.

L'incontro tra Tedde e Soru al Comune di Alghero e a sinistra la Sassari-Olbia

«Un atto dovuto dal momento che la Riviera del Corallo ospiterà eventi collaterali al summit e incontri tra i delegati dei Paesi stranieri»

IL VERTICE

...na disteso in Comune
...polemiche sono lontane

di Gianni Olandi

L'istituto alberghiero di Piazza Sulis

Il presidente tocca le corde giuste e l'Alberghiero ritorna a essere G...

L'inattesa valanga di prog...

Lo studio per il nuovo ospedale già affidato a ...

Il governatore per la seconda volta in un mese nella borgata della Nurra

Fatto del Giorno

IL VERTICE DEI GRANDI ALLA MADDALENA

Renato Soru è entrato ieri per la prima volta nel Comune di Olbia: a sinistra, la stretta di mano con il sindaco Gianni Giovannelli. A destra, il governatore parla con un gruppo di lavoratori davanti al Comune della Maddalena

...viato Guido Piga

...riceve un foglietto, davanti ha ...ori maddalenini allarmati, sanno ...pensando a spostare il G8 dalla ...o incalzanti nelle domande. Soru ...questa notizia appena arrivata, è ...ale di Berlusconi, ha detto che il ...uso risuona forte nell'aula consi...no, più sciolto. E allora tutto co...il via libera agli altri progetti, ...cantieri, le assunzioni.

Il governo smentisce le voci di trasferimento a Napoli. Soru va a Olbia poi incontra imprenditori e lavora...

G8, niente scippo: via ai la...

Confermata la priorità delle strade di grande comun...

Il governatore teme Berlusconi e gioca d'anticipo: c'è un filo diretto col suo consigliere Gianni Letta

dall'inviato

Gianni Letta è il riferimento di Soru nel governo Berlusconi. Sotto, il Club Hotel di Baia Sardinia tra i candidati a ospitare parte delle ...

GOVERNO

Norma salva-premier: via libera del Senato Scontro Pd-Di Pietro

Regionali, summit segreto No al ticket con Cherchi

Azione congiunta tra presidente del Consiglio e governatore

G8, Soru e Berlusconi cercano sold...

All'appello mancano 200 milioni, sabato un vertice alla Maddale...

ESTATE ALTERNATIVA

Nudi al mare: la mappa del turismo natu...

Arzachena. La vittima è un sassarese di 47 a...

Si schianta con la mo... mentre torna dal lavo...

Caso Orlan... Vaticano: ... su Marcinku...

La Nuova

Sardegna

Venerdì 27 giugno 2008 4

VERSO IL SUMMIT
UN PERCORSO DIFFICILE

Partita da Bruxelles una lettera di messa in mora del governo italiano: si temono danni strutturali all'ambiente della Maddalena

L'Europa mette sotto accusa le procedure per i lavori del G8

di Enrico Gaviano

LA MADDALENA. Le minacce sul G8 della Maddalena, paventate nei giorni scorsi, si sono materializzate ieri. La Commissione europea ha infatti deciso di aprire una procedura d'infrazione sui rischi per l'ambiente legati ai lavori da svolgersi alla Maddalena in previsione del vertice del luglio 2009. Il primo passo di Bruxelles è stato l'invio a Roma di una lettera di messa in mora.

LA NUOVA
Nuova Sardegna
...E - REDAZIONE - AMMINISTRAZIONE - STAMPA Predda Niedda strada 30/31 07100 SASSARI • Tel. 079/222400 • Fa...
www.lanuovasardegna.it • Con DVD "A scuola di ballo" Euro 10,90 • EDIZIONE GALLURA

VERTICE A RISCHIO

G8, adesso spunta Villa Certosa

Rivelata una valutazione di Berlusconi: mancano soldi e tempo

LA MADDALENA. Duecento milioni di euro. Tanti ne mancano per realizzare tutte le opere del G8. E, per risparmiare, Silvio Berlusconi penserebbe a dirottare una serie di appuntamenti a Villa Certosa: si potrebbe cominciare con un pranzo o una cena, per esempio. All'origine dell'indiscrezione, pubblicata dal quotidiano «Il Tempo», un appunto di «un altissimo dirigente di palazzo Chigi» secondo il quale «SB» (le iniziali del premier), preoccupato per la mancanza di fondi e per il ritardo dei lavori, sarebbe impegnato a contenere i costi fino al 50 per cento. Nello stesso articolo, si fa riferimento al tentativo del ministero degli Esteri di verificare la possibilità di un'altra data per l'appuntamento previsto per il mese di luglio del 2009. Intanto, il governatore Soru, che sabato incontrerà il premier alla Maddalena, nell'incontro di ieri con il numero 2 della Protezione Civile, Angelo Balducci, ha ribadito: «La Regione è pronta a fare la sua parte, altrettanto ci aspettiamo dallo Stato».

• PIGA a pagina 5

Ok del pr...

Berlusconi è scettico...

Impegno sui soldi c...

CRONACHE
CHRONICLES

G8, il 15% alle aziende sarde

Bertolaso e Soru: pronti 800 milioni

La Nuova — Sardegna — Martedì 3 giugno 2008

IL G8 ALLA MADDALENA

VERSO L'APERTURA DEI PRIMI CANTIERI

Servono in tutto 700 operai e sono 1600 gli iscritti nelle liste del collocamento ma ora si teme di dover cercare altrove

Una simulazione al computer del nuovo arsenale della Maddalena che sarà realizzato per ospitare il G8 del 2009. A destra, il progetto dell'hotel Santo Stefano

di Guido Piga

Nessuno ricorda l'anniversario della morte

«Snobbato Garibaldi»

di Andrea Nieddu

Fatto del Giorno — Sabato 28 giugno 2008 — 2

I LAVORI PER IL G8

INCONTRO AL VERTICE

Al centro della discussione tra i presidenti del Consiglio e della Regione ci saranno le risorse da recuperare per il summit del 2009

Berlusconi e Soru arrivan[o] in elicottero alla Madda[lena]

di Guido Piga

LA MADDALENA. Berlusconi e Soru arriveranno oggi alla Maddalena in elicottero. Non sullo stesso, salvo sorprese. Il loro incontro, cui stanno lavorando le diplomazie, avverrà a terra, in una delle strutture destinate al G8. In discussione ci sono i molti milioni da recuperare per il vertice del 2009.

Dubbi del premier dal Giappone. Bertol[aso]

Berlusconi: G8, Maddal[ena]

«Lavori indietro, soluzione di riserva»

La Maddalena, Olbia e Algher[o]

G8, un miliardo per il nord Sardegn[a]

Infrastrutture, strade, porti, alberghi. Ma la Lega candida Milan[o]

LA MADDALENA. Un miliardo di euro. Il G8 è un «piano di rinascita», almeno per il nord Sardegna. Alberghi, porti, strade, soprattutto strade. L'elenco degli interventi che Stato, Regione e Protezione civile faranno per il vertice del 2009 - alla Maddalena, meglio sottolinearlo - è pronto ed è nella mani del commissario per il vertice tra i Grandi, Guido Bertolaso, che dovrà ora pubblicarlo sulla Gazzetta ufficiale. Ma nel consiglio dei ministri di ieri Berlusconi conferma i dubbi sull'arcipelago sardo e la Lega ne approfitta subito per lanciare la candidatura di Milano. Il sindaco Angelo Comiti: che si possa pensare a un Piano B non è una novità, l'importante è che per La Maddalena si faccia tutto ciò che occorre. Contestazioni invece dal movimento Sinistra critica.

● PIGA a pagina 3

La polizia e la marina proteggono il sopralluogo fatto dal presidente del Consiglio Berlusconi all'arsenale assieme al commissario Bertolaso e al governatore Soru (Fotoservizio di Vanna Sanna)

Il paragone con i rifiuti. Decisivo l'impegno di Bertolaso, poi il premier accelera sulla Maddalena e dà i primi suggerimenti sui progetti

G8, Berlusconi voleva lo spostamento

[Pr]emier: «G8 alla Maddalena»

[...]sul rispetto dei tempi e pensa a un'altra località, poi dà il via liber[a]

[...]e mancano all'appello: 200 milioni verranno dall'Unione europe[a]

Alla Maddalena il G8 del 2009

L'annuncio di Prodi. Fi: "Vogliono evitare gli assalti degli estremisti"

LA MADDALENA È deciso: il G8 del 2009, ospitato dall'Italia, si terrà alla Maddalena. Prodi parla di «scelta che conferma e rafforza il ruolo del nostro Paese tra i Grandi del mondo». E aggiunge: «In Sardegna non si era mai tenuto: i leader si troveranno benissimo e l'arcipelago, uno dei posti più belli del mondo, non avrà più basi militari». Secondo il centrodestra, la ragione del provvedimento è legata alla facile controllabilità dell'isola. «Prodi è un bugiardo — commenta Fabrizio Cicchitto di Fi — Sentiva solo l'esigenza di blindare la riunione per evitare l'assalto dei black block e degli estremisti».
L'annuncio arriva nell'anno del bicentenario della nascita di Garibaldi, tumulato nel piccolo cimitero della casa-museo a Caprera, meta di migliaia di visitatori. E segue un altro annuncio che rende emblematica la situazione: l'addio americano alla base dei sommergibili nucleari nell'isoletta di Santo Stefano, prevista per il prossimo inverno con graduali dismissioni. Finita l'ultratrentennale presenza della Us Navy, potrebbe cominciare un altro processo di mobilitazione: quello necessario per rendere sicuro il vertice. Da una militarizzazione all'altra, insomma.
Del tutto favorevole, invece, il presidente della giunta regionale, Renato Soru: Abbiamo onorato un debito con La Maddalena: la Sardegna ha avanzato la candidatura avendo buone ragioni, l'ha spuntata grazie alla sensibilità del governo che le ha riconosciute». Così come il sindaco diessino Angelo Comiti: «Strabiliante: pensavamo che aver ottenuto

Soddisfatto il governatore Soru: "Abbiamo onorato un debito con l'isola". Reazione contrastanti tra gli abitatnti, ma per molti è un'occasione da sfruttare. L'addio della base nucleare americana è prevista per il prossimo inverno

la partenza del Giro d'Italia fosse già eccezionale, ora vedo prospettive davvero interessanti ». E il sottosegretario alle Riforme Gian Piero Scanu: «Un momento straordinariamente importante per esaltare le potenzialità, non solo paesaggistiche, del territorio». Tra i commercianti e molti abitanti, in questo paradiso diventato parco naturale, pronto a rafforzare sempre più la vocazione turistica, i contrari sono tuttavia parecchi. C'è chi teme incidenti. Ma tanti altri pensano in positivo. «Se hanno deciso una cosa del genere hanno intenzione d'investire e io sono contento — dice l'imprenditore Mario Mela — Basti pensare a cosa è stato fatto per la reggia di Caserta».
Lo smantellamento della base Usa e il recente accordo per liberalizzare servitù militari italiane vanno inquadrate proprio nel progetto di riconversione. Piano al quale sono interessati gruppi internazionali, e tra questi viene sollecitato dallo stesso presidente della Regione quello dell'Aga Khan. Il G8 rappresenta un test impegnativo soprattutto per l'organizzazione. Ma anche un biglietto da visita per rilanciare l'immagine della perla del Mediterraneo cara ad Antonioni e a Gian Maria Volontè (che qui volle essere sepolto). Via via che il passaparola continuava, sino a tarda sera, i commenti si accavallavano. Pier Giorgio Massidda, coordinatore regionale di Fi, teme un effetto tsunami: «Situazione drammatica senza ritorno economico: un sacrificio spaventoso ». Diversa la valutazione di un altro forzista, il neosindaco di Olbia Gianni Giovanelli: «Enorme opportunità: lavoriamo subito per farci trovare pronti ». Soddisfatto il presidente del consiglio regionale, Giacomo Spissu: «È importante che l'evento
si svolga proprio nell'isola dopo l'annuncio Usa di chiusura della base.

PIERGIORGIO PINNA
La Repubblica, 15 giugno 2007, pagina 18

IL RITORNO IN ITALIA DEI CAPI DI STATO

I Grandi alla Maddalena. Vertice a prova di black bloc

Nel 2009 il summit nell'isola dell'ex base militare Usa

La Stampa, 15 giugno 2007, pagina 20

La Maddalena, l'addio della Us Navy

Gli americani ammainano la bandiera mentre si stanno definendo i progetti per ridisegnare una parte dell'arcipelago con i fondi del G8

La Nuova Sardegna, 25 gennaio 2008, pagina 5

Sul vertice dei Grandi domani incontro decisivo

LA MADDALENA. È il giorno delle carte. E delle monete. Domani a Roma, palazzo Chigi, si insedia il "Comitato di coordinamento del G8". C'è il presidente (Enrico Letta), il commissario delegato (Guido Bertolaso), e ci sarà Renato Soru, più ambasciatori, diplomatici, funzionari, militari, consiglieri. Una foto di gruppo, poi tutti sotto per approvare due atti fondamentali per il vertice alla Maddalena. Il comitato dovrà dire sì ai progetti di Stefano Boeri per la riconversione dell'arsenale e dell'ospedale militare. E poi dovrà trovare tra i 60 e gli 80 milioni di euro.

La Nuova Sardegna, 26 febbraio 2008, pagina18

G8, via agli appalti accelerati. Sarà «guerra» tra 23 imprese

LA MADDALENA. I lavori per il G8 saranno affidati a un general contractor. Un'unica società, o un pool, riconvertirà tutti gli ex beni militari della Maddalena sulla base dei progetti elaboratori dall'architetto Stefano Boeri.
È uno dei (tanti) poteri che ha il commissario straordinario. Guido Bertolaso, però, non ne approfitterà: poteva evitare la gara e invece la farà.
In lizza ci sono 23 società certificate al ministero (è esclusa Pirelli Re), ma saranno possibili i subappalti.

La Nuova Sardegna, 4 marzo 2008, pagina.4

IL VERTICE DEL 2009 GLI EDIFICI DOPO IL SUMMIT SARANNO DESTINATI AL TURISMO

Albergo sospeso sull'acqua.

Ecco la Maddalena per il G8

I primi progetti per l'ex base Usa. Maxi yacht al posto dell'Arsenale

Corriere della Sera, 17 marzo 2008, pagina 23

2009 G8 Summit on the island of La Maddalena

Prodi makes the announcement. Forza Italia: "They want to prevent attacks by extremists."

LA MADDALENA (Sardinia, Italy). The decision has been made: the 2009 G8 Summit hosted by Italy will be held on the island of La Maddalena. Italian PM Prodi talks about the 'choice confirming and strengthening Italy's role among world's leaders'. He adds: "It has never been held in Sardinia. The leaders will get on very well there and the archipelago – one of the most beautiful places in the world – will no longer have any military bases." According to the centre right, the reason for the provision is tied to the straightforward safeguardability of the island. "Prodi is a liar," says Fabrizio Cicchitto of Italian political party Forza Italia. "He only felt the need to guard the Summit to prevent an attack by the black blocs and extremists."
The announcement is made during the bicentenary of the birth of Garibaldi, who is buried in the small cemetery part of the home/museum in Caprera (Italy) – a destination for thousands of visitors. Another announcement follows, making the situation emblematic: the closing of the American nuclear submarine base on the small Italian island of Santo Stefano; it is expected to be gradually dismantled next winter. Once the presence of the U.S. Navy (lasting over 30 years) is gone, another mobilisation process may begin: the one necessary to make the Summit secure. In short, from one state of militarisation to the next.
However, Sardinian Regional council chairman Renato Soru is entirely in favour of the idea: "We have honoured a debt with La Maddalena: Sardinia put forward its candidacy based on good reasons, and succeeded thanks to the sensitivity of the government that acknowledged them."

Sardinian Governor Soru is satisfied: "We have honoured a debt with the island." Mixed reaction among inhabitants, but many see it as an opportunity to take advantage of. The American nuclear base is expected to be closed next winter

In agreement mayor Angelo Comiti (a member of the Italian Democrats of the Left): "Amazing. We thought the start in Sardinia of the Tour of Italy cycling race was already exceptional; now I can truly see interesting prospects." And Italian Undersecretary for Reform Gian Piero Scanu: "This is an extremely important moment to enhance the potential - and not just the landscape - of the area." Nevertheless, this paradise that has become a natural park ready to increasingly strengthen its vocation for tourism is home to many shopkeepers and inhabitants who are not in favour of the Summit. There are those who fear incidents will occur. But many others have a positive outlook. "If such a decision has been made, they intend investing and this makes me happy," says entrepreneur Mario Mela. "Just think of what was done for the Royal Palace in Caserta."
The dismantling of the American base and recent agreement to liberalise Italian military servitude will be organised as part of the reconversion project. International groups are interested in this plan, and the President of the Sardinian Regional Government is supporting the one by the Aga Khan. The G8 Summit is a demanding test, especially in terms of organisation. But it is also a business card that can be used to re-launch the image of the 'pearl' of the Mediterranean dear to Antonioni (Italian film director) and to Gian Maria Volontè (Italian actor whose wish was to be buried here). Comments overlap as Chinese whispers continued to be played late into the evening. Regional coordinator for Forza Italia Pier Giorgio Massidda fears a tsunami effect. "This is a dramatic situation with no economic return: an incredible sacrifice." However, the assessment by Gianni Giovanelli, another Forza Italia member and newly-elected mayor of Olbia, differs: "This is an enormous opportunity. Let's get to work immediately so we are ready." Sardinian Regional council president Giacomo Spissu is satisfied: "It is important that the event takes place on the island after the announcement was made by the U.S.A. to close the base."

PIERGIORGIO PINNA

La Repubblica, 15 June 2007, p. 18

THE RETURN OF THE HEADS OF STATE TO ITALY

The world's leaders on the island of La Maddalena. Summit a challenge for the black bloc

The 2009 Summit will be held on the island home to the former American military base

La Stampa, 15 June 2007, p. 20

La Maddalena: farewell to the U.S. Navy

The Americans lower the flag while the projects to improve the archipelago with G8 Summit funds are finalised

La Nuova Sardegna, 25 January 2008, p. 5

A decisive encounter tomorrow about the Summit of the world's leaders

LA MADDALENA. It's time to discuss the projects. And money. Tomorrow in Rome (Italy), the G8 Summit Coordinating Committee will take up office in Palazzo Chigi (the offices of the Italian PM). Participants will include the president (Enrico Letta), senior commissioner (Guido Bertolaso) and Renato Soru, plus ambassadors, diplomats, officials, members of the military and council members. A group photo and then work will be started to approve the Summit on the island of La Maddalena with the approval of 2 fundamental acts. The committee has to approve Stefano Boeri's projects to reconvert the Arsenal and the Military Hospital. And then it will have to find 60-80 million euro.

La Nuova Sardegna, 26 February 2008, p. 3

G8: green light for fast track contracts. It will be 'war' between 23 firms

LA MADDALENA. The work for the G8 Summit will be appointed to a general contractor. A single company or a pool will reconvert all former military property on the island of La Maddalena based on the projects drawn up by architect Stefano Boeri. It is one of the extraordinary commissioner's (many) powers. However, Guido Bertolaso will not take advantage of the situation.
He could have avoided the tender, but on the contrary, he will ensure it takes place. Competitors include 23 companies certified by the ministry (excluding Pirelli Re), but sub-contracts will also be possible.

La Nuova Sardegna, 4 March 2008, pagina.4

THE 2009 SUMMIT AFTER THE SUMMIT, THE BUILDINGS WILL BE USED FOR TOURISM

Hotel suspended over the water.

This is what La Maddalena will look like for the G8 Summit

The first projects for the former American base. Mega yachts in place of the Arsenal

Corriere della Sera, 17 March 2008, p. 23

Primo incontro con gli amministratori galluresi, quasi tutti disponibili a collaborare per la riuscita dello storico evento

Bertolaso: «Basta balle o il G8 salta»

Non ci saranno palazzoni sul mare, progetti riservati

Guido Bertolaso all'attacco. «O la si smette col diffondere notizie false che creano imbarazzo e difficoltà o il G8 a La Maddalena non si farà più». Il commissario ce l'ha con ipotesi progettuali e simulazioni apparse di recente su qualche quotidiano.

L'Unione Sarda, 9 aprile 2008, pagina 51

L'isola del G8 premia il centrodestra dei contestatori del summit che si impone di misura nelle due camere

Berlusconi espugna anche La Maddalena

Sul voto il peso dell'addio degli americani e l'incertezza legata al futuro

La Nuova Sardegna, 15 aprile 2008, pagina 19

G8, ok ai progetti: cantieri aperti tra 20 giorni

La conferenza dei servizi con Bertolaso conferma gli interventi alla Maddalena

dall'inviato GUIDO PIGA

ROMA. I progetti per il G8 sono stati approvati, uno dietro l'altro, senza pareri negativi, senza lo spostamento del posto (per sempre) né della data (per ora). Il vertice si terrà alla Maddalena, lì si riuniranno i capi degli otto paesi più potenti del mondo, lì dormiranno. La conferenza di servizi convocata a Roma ha detto, all'unanimità, che l'arsenale può diventare un albergo (più media center, più porto) e così anche l'ospedale militare. Era il passaggio più di¬fficile: se uno dei venti partecipanti avesse detto no, l'iter avrebbe avuto una battuta d'arresto. Non è andata così e le opere saranno pronte tra un anno. E' un grande successo per Soru (politico) e per Bertolaso (organizzativo). Già oggi il commissario potrebbe a¬dare i lavori al general contractor.

La Nuova Sardegna, 8 maggio 2008, pagina 12

«Alla Maddalena il primo G8 ecosostenibile»

Tutela ambientale e impiego delle produzioni locali: la Provincia farà la sua parte

di MARCO BITTAU

OLBIA. Il prossimo G8 alla Maddalena non sarà soltanto un maxi spot per la Gallura. Ne è convinta Pietrina Murrighile, presidente della Provincia, che da quel gran pentolone dove si mescola l'organizzazione del summit internazionale è sicura di pescare importanti risultati sia sul fronte delle infrastrutture che su quello dell'occupazione. Insomma, benefici reali e non solo ritorni d'immagine. Tutto ciò tenendo la barra dritta su un postulato fondamentale: l'ambiente e la sua cura, le produzioni locali e la loro valorizzazione. Tanto basta per promettere che il vertice maddalenino sarà il primo ad essere organizzato e realizzato in regime di ecocompatibilità, con l'obiettivo di realizzare un modello di sviluppo economico solido e duraturo.

La Nuova Sardegna, 16 giugno 2008 pagina 15

PROSSIMO VERTICE CON BERTOLASO IL PREMIER AVREBBE PENSATO A CERNOBBIO

Dubbi sulla Maddalena 2009. «Valutiamo altre opzioni»

Berlusconi: «Indietro con i lavori, pronta la soluzione di emergenza»

TOYAKO (Giappone). Dove sarà nel 2010 l'incontro annuale del G8 si sa già: il Canada ospiterà i capi di Stato e di governo dei Paesi più sviluppati del mondo e della Russia in un villaggetto di lusso tra campi da golf e il lago Peninsula. Si conosce anche il nome della sistemazione, il «Deerhust Resort», vicino alla cittadina di Huntsville, nel distretto di Muskoka, Ontario. Sul vertice dell'anno prossimo che è affidato all'Italia, invece, è calata ieri un'ombra di dubbio e di mistero.

Ufficialmente il summit del 2009 resta previsto alla Maddalena, tuttavia prima di lasciare il G8 di Toyako Silvio Berlusconi non si è mostrato sicuro che il successivo possa svolgersi nel posto scelto dal governo di Romano Prodi in Sardegna, Regione presieduta da Renato Soru, imprenditore di centrosinistra.

«Siamo indietro con i lavori. Abbiamo dato il via, ma si tratta di un'isola e i tempi sono più lunghi rispetto a quelli che si possono ottenere sul continente», ha detto ai giornalisti il presidente del Consiglio. «Ci prepariamo a una soluzione di emergenza se non saranno pronti in tempo i lavori necessari alla Maddalena », ha annunciato. È stata individuata una soluzione alternativa? Risposta: «No, stiamo valutando».

Benché non lo abbia raccontato, il presidente del Consiglio avrebbe affrontato di recente la questione con Guido Bertolaso, commissario straordinario per il G8 del 2009. L'attenzione sarebbe caduta in particolare su Cernobbio, sul Lago di Como.Per circoscrivere le incognite, vanno tenuti presenti alcuni requisiti. Il posto adatto deve essere vicino ad almeno un aeroporto e dotato di retrovie alberghiere capaci di dar da dormire a circa ventimila persone tra delegazioni, giornalisti, forze dell'ordine. Cernobbio ha alle spalle Milano, una delle città che con Roma e Napoli può reggere l'impatto di un G8 dal punto di vista logistico. Anche Torino potrebbe, ma forse le servirebbero più alberghi.

In maggio si era vociferato che Berlusconi pensasse a Napoli, per confinare l'immagine della spazzatura nell'era del governo Prodi. Come le altre città, però, questa ha un limite: può attrarre manifestazioni di protesta.

Tra i luoghi candidabili rientrano Rimini, Riva del Garda, il Lago Maggiore. Venezia è giudicata fragile per un'invasione del genere. Firenze non pare sotto esame. Anche se nel 1994 la preparazione di Napoli richiese sei mesi, il tempo stringe: le diplomazie straniere sono state invitate a visitare le strutture di Toyako nel mese di febbraio. E quando si pronuncerà l'ultima parola? Ha senso spendere per i lavori alla Maddalena se il vertice non sarà lì? In attesa di dire più, Berlusconi ha dato i voti ai protagonisti del vertice appena concluso. Primo della sua graduatoria, George W. Bush «al suo ultimo G8, un vero peccato perché è un grande amico dell'Italia, è una persona leale». A seguire il francese Nicolas Sarkozy: «Il più dinamico di tutti. Esplosivo, ma poi capace di schierarsi con gli altri». Dopo, il russo Dmitrij Medvedev «molto preciso», il canadese Stephen Harper «molto intelligente », la tedesca Angela Merkel «rigorosa, diligente», il britannico Gordon Brown«competente», il giapponese Yasuo Fukuda «esponente della seconda economia del mondo». Ultimo in elenco,non in considerazione, se stesso: «Quanto a me, faccio squadra, alleviando le situazioni pesanti».

MAURIZIO CAPRARA

Già deciso dai canadesi il summit del 2010: si svolgerà al «Deerhust Resort», vicino ad Huntsville, nell'Ontario

Corriere della Sera, 10 luglio2008, pagina 17

First meeting with local administrators from Gallura (area in Sardinia) who are almost all willing to collaborate to ensure the success of this historic event

Bertolaso: "No more rubbish or the G8 Summit will be called off."

Non ci saranno palazzoni sul mare, progetti riservati

Guido Bertolaso attacks. "Either false news creating embarrassment and difficulties stops being spread or the G8 Summit in La Maddalena will be cancelled." The commissioner is angry about planning hypotheses and simulations recently appearing in several daily newspapers.

L'Unione Sarda, 9 April 2008, p. 51

The island where the G8 Summit will be held awards the Summit-protesting centre-right with a small victory in the two Italian Houses of Parliament

Berlusconi also storms the island of La Maddalena

The farewell by the Americans and an uncertain future weigh on the vote

La Nuova Sardegna 15 April 2008, p. 19

G8: building sites to open in 20 days

Through Bertolaso, the local authorities planning conference confirms the interventions on the island of La Maddalena

by correspondent Guido Piga

ROME. The projects for the G8 Summit have been approved on after the other, without any negative opinions, and without changing the place (permanently) or date (for now). The Summit will be held on the island of La Maddalena. The Heads of State of the 8 most powerful countries in the world will meet and sleep there. The local authorities planning conference held in Rome unanimously said that the Arsenal can become a hotel (including a media centre and port), as can the Military Hospital. This was the most difficult part: had one of the 20 participants said no, the process would have come to a standstill. But no one did, and work will be complete in a year. It was a great success for Soru (from a political perspective) and for Bertolaso (from an organisational standpoint). The commissioner could appoint the work to the general contractor as early as today.

La Nuova Sardegna, 8 May 2008, p. 12

"First ever environment-friendly G8 Summit on La Maddalena"

Safeguarding the environment and using local production: the Province will do its part

by Marco Bittau

OLBIA (Sardinia, Italy). The next G8 Summit held on the island of La Maddalena will not just be mega advertising for the area of Gallura. This is the conviction of President of the Province Pietrina Murrighile, who is certain important results both in terms of infrastructures and employment will be achieved if the international Summit is organised in La Maddalena. In short, true benefits and not just a return on the island's image. In addition to all of this, one fundamental goal will be focused on: the environment and taking care of it and local production and its valorisation. This will ensure the Summit held on the island of La Maddalena will be the first ever to be organised and realised based on environment-friendliness, with the goal of creating a solid and long-lasting model for economic development.

La Nuova Sardegna, 16 June 2008, p. 15

THE ITALIAN PREMIER IS CONSIDERING CERNOBBIO (ITALY) FOR HIS NEXT MEETING WITH BERTOLASO

Doubts on La Maddalena G8. "We're evaluating other options."

Berlusconi: "Work is behind schedule; emergency solution is ready."

TOYAKO (Japan). The location of the annual 2010 G8 Summit is already known: Canada will host the Heads of State and Government of the most developed countries in the world and of Russia in a luxury resort surrounded by golf courses and Peninsula Lake. The name of the resort is also known: Deerhurst Resort close to the town of Huntsville in the district of Muskoka in Ontario. Contrarily, the Summit to be held in Italy next year is surrounded by doubt and mystery.

Officially, the 2009 Summit is to be held on the island of La Maddalena, however, before leaving the G8 Summit in Toyako, Italian PM Silvio Berlusconi showed uncertainty that the next Summit would be held in Sardinia (region governed by centre-left entrepreneur Renato Soru), the location chosen by Romano Prodi's government.

"Work is behind schedule. The green light has been given, but it is an island and it takes more time to do things there than on the mainland," the PM said to journalists. "We are preparing for an emergency solution should the necessary work on the island of La Maddalena not be ready in time," he announced. Has an alternative solution been identified? Answer: "No, we are still making evaluations."

Although he didn't mention it, the PM is said to have recently discussed the matter with Guido Bertolaso, the extraordinary commissioner for the 2009 G8 Summit. Particular attention is said to have been paid to Cernobbio, on Lake Como. Several requirements must be considered to circumscribe the uncertainties. A suitable location must at least be close to an airport and equipped with nearby hotels able to provide accommodations for approximately 20,000 people including delegations, journalist and the police force. Cernobbio is supported by Milan, one of the Italian cities - along with Rome and Naples – that could sustain the impact of a G8 Summit in terms of logistics. Perhaps Turin could, but possibly more hotels would be needed.

It was rumoured in May that Berlusconi was thinking of Naples, to limit the image of the rubbish issue to the Prodi government. However, like the other cities, this one has a limitation: it could attract protesters.

Other Italian candidates include Rimini, Riva del Garda and Lake Maggiore. Venice is considered too fragile for this type of an invasion. Florence doesn't appear to be in the running. However, preparing Naples in 1994 required 6 months and time is short: foreign diplomatic corps were sent to visit the structures in Toyako in February. When will the last word be said? Does it make any sense to spend money for the work on the island of La Maddalena if the Summit isn't held there?

Awaiting further comments, Berlusconi rated the protagonists of the recently-concluded Summit. At the top of his list is George W. Bush. "This was his last G8 Summit and it is truly a shame because he is a great friend to Italy, and a loyal person." Next is Frenchman Nicolas Sarkozy. "He is the most dynamic of them all. Explosive, yet able to side with the others." He is followed by "very precise" Russian Dmitrij Medvedev, "very intelligent" Canadian Stephen Harper, "strict, diligent" German Angela Merkel, "competent" Briton Gordon Brown and Japanese Yasuo Fukuda, who is "a representative of the second most important economy in the world." Last - but certainly not least - is his consideration of himself: "As for myself, I'm a team player and I alleviate intense situations." MAURIZIO CAPRARA

The Canadians have already decided on the location for the 2010 Summit: it will be held at Deerhurst Resort close to Huntsville in Ontario

Corriere della Sera, 10 July 2008, p. 17

Renato Soru. A sinistra: il rendering del ponte tra Santo Stefano e La Maddalena. Sotto: i progetti per il nuovo waterfront di Santo Stefano e per l'Arsenale

LA MADDALENA MIRACOLATA

Via la base militare Usa. Ora si punta sul turismo. Anche americano. Renato Soru chiama gli esperti di Harvard per un progetto di rilancio dell'arcipelago

DI ENRICO AROSIO

Americani prima, americani dopo: però diversi. Partiti da soldati, torneranno da turisti. La Guerra Fredda, sull'isola di Santo Stefano, arcipelago della Maddalena, è finita molto tardi, nel febbraio di quest'anno, con le ultime partenze dalla base dei sottomarini nucleari della Marina militare Usa. Dal 1972 al 2008 i cittadini italiani non si sono potuti avvicinare. Oggi cosa si vede? Un approdo dismesso affacciato su un mare di sogno, la banchina, il molo, due piazzali, edifici, capannoni, e la macchia che sale verso i graniti millenari modellati dal maestrale. Qui, è il fermo intento del presidente sardo Renato Soru, uno dei politici italiani più individualisti, ostinati e ostacolati, ma anche dei più dotati di visione, nascerà un'infrastruttura di pace: un polo nautico, nella lingua degli architetti un «epicentro ludico-turistico», emblema di un mutato equilibrio geopolitico.

Per raccogliere idee progettuali, il governatore, che ha ormai spaccato la Sardegna in due fazioni ostili da Firenze dantesca (e parlare di identitari contro affaristi è riduttivo), procede con l'ennesimo strappo. Ben sopravvissuto, per mancatissimo quorum, al referendum abrogativo sulla tassa del lusso, Soru attraverso la Regione ha finanziato nientemeno che la Graduate School of Design di Harvard, una delle massime università statunitensi, per un workshop intitolato "Back to Maddalena". Dodici neolaureati e studenti avanzati (tra cui cinque asiatici e un italiano) da Boston si sono trasferiti otto giorni a Maddalena e Santo Stefano, assistiti da colleghi dell'Università di Cagliari, nell'ambito di un corso avviato a settembre dagli architetti italiani Stefano Boeri e Paolo Conrad-Bercah (nella professione si firma conrad-bercah, minuscolo), entrambi visiting professor a Harvard. «Proporremo scenari possibili», dice Boeri, «a partire da un'analisi del nuovo ruolo dell'arcipelago e dei mutati equilibri ambientali ed economici dopo la smilitarizzazione». Perché l'arcipelago è «una formidabile metafora», sostengono i due, «da contrapporre a un mondo di identità chiuse, di ghetti e di enclaves protette».

Tornati a Boston dopo incontri col sindaco Angelo Comiti e gli assessori, dopo lo studio del territorio e del triangolo di mare tra Santo Stefano, Caprera e la Maddalena dove il prossimo luglio si terrà il G8, i giovani americani sono orientati a quattro idee principali. La prima, trasformare la base ex nucleare in un polo velico affacciato a una «piazza d'acqua» che ha tutte le caratteristiche di un campo di regata di rilevanza internazionale, incluse la Vuitton Cup e l'America's Cup (il detentore, l'italo-svizzero Ernesto Bertarelli, è tuttora attratto dall'opzione sarda). Un ardito e leggero ponte pedonale (ne anticipiamo alcune ipotesi qui sopra) collegherebbe Santo Stefano all'isola Chiesa, che fa parte del Demanio militare, e a Maddalena. Una seconda ipotesi, meno probabile, sposterebbe a Santo Stefano i traghetti che sbarcano oggi alla banchina nel centro storico di Maddalena che verrebbe liberata per far posto a una marina per diportisti. Terza idea: collocare a Santo Stefano, in rete con i fortini militari dell'arcipe- ▸

Foto: A. Paris - Imagoeconomica

Il colosso dimenticato

È abbandonata dal 1943 nella cava dismessa di Santo Stefano. Alta oltre due metri, in granito, è incredibilmente bianca e in buono stato. È la testa di un navigatore con il tipico copricapo che pare uscito da un romanzo di Conrad. Raffigura Costanzo Ciano, eroe della Grande guerra, presidente della Camera dei fasci e delle corporazioni, consuocero di Mussolini e padre di Galeazzo, ministro degli Esteri. La testa di Ciano è l'unica parte finita di una statua commissionata dal regime nel 1941 allo scultore Arturo Dazzi. Un colosso di 13 metri, a figura intera sulla prua di un Mas, davanti a un faro in forma di fascio littorio, destinato al mausoleo Ciano di Livorno, rimasto incompiuto. La commessa fu interrotta per telegramma il 26 luglio 1943, il giorno dopo la caduta del Duce. Da allora la statua appartiene ai Serra, proprietari storici dell'isola. «Questa è ghisa», dicevano gli scalpellini nel lavorarla. Granito bianco di Santo Stefano, straordinario, più duro del rosa di Gallura. Gli studenti di Harvard ne sono rimasti affascinati. E. A.

lago ceduti alla Regione, il centro ricerca sulla biodiversità che l'Italia ha proposto al presidente francese Nicolas Sarkozy nell'ambito del progetto di Unione del Mediterraneo lanciato a Parigi a luglio. Quarta idea: l'albergo diffuso, riconversione turistica di una quarantina di costruzioni, tra ex militari e civili esistenti sull'isola. Il filo comune: elevata sostenibilità ambientale, bassa intensità volumetrica, attenzione alle energie rinnovabili.

La sfida di Soru è emblematica ma difficile. La Marina italiana si comporta quasi come un avversario politico. Nel braccio di ferro sulla destinazione civile delle strutture militari, gli ammiragli non vogliono mollare la loro parte di base accanto a quella dei sottomarini Usa. Nelle mitiche gallerie sottoroccia dove gli americani ricoverarono munizioni e armamenti di cui non fu mai resa nota la natura, la nostra Marina si ostina a voler mantenere il deposito per stoccarvi imprecisati «sistemi d'arma». Uno sfregio, per molti sardi, non solo per gli alleati di Soru. Il Comune di Maddalena ha fatto ricorso e vinto al Tar, si attende il Consiglio di Stato. Soru appoggia il sindaco Angelo Comiti, che a fine 2007 si è incontrato con lui e l'ambasciatore Usa Ronald Spogli per impostare la transizione (174 italiani erano dipendenti diretti della base, un paio di centinaia vivevano dell'indotto). Dichiara Comiti a "L'espresso": «Con l'ambasciatore abbiamo ipotizzato un futuro di relazioni nuove con i cittadini Usa nell'arcipelago. Qui non c'è sentimento anti-americano. Però va detto: ci siamo liberati di una presenza scomoda, legata al programma di difesa nucleare degli Stati Uniti. E lo dobbiamo al presidente Soru, il vero artefice della riconversione civile dell'arcipelago. La monocultura militare doveva finire, e ora guardiamo con favore alle idee di Soru e dei progettisti». All'Arsenale della Maddalena, futura sede G8, fervono i lavori. La presidenza del Consiglio ha imposto procedure accelerate in deroga speciale. Il commissario Guido Bertolaso, capo della Protezione civile, dirige un'operazione in gran parte secretata, i cantieri dell'impresa Anemone lavorano su tre turni, sette giorni su sette. Duemila autocarri hanno portato via materiali ferrosi e inquinanti dopo una bonifica stranamente veloce. Gli architetti, incluso Boeri, sono impegnati al silenzio. Dopo il G8 l'Arsenale diverrà un centro nautico e alberghiero con una marina, l'ex ospedale militare un albergo a 5 stelle. Ma altrove gli ammiragli fanno resistenza: a Guardia del Turco sono riusciti a difendere da Soru il centro vacanze degli ufficiali.

Vari progetti sul tavolo: da un polo nautico per maxi regate a un centro di ricerca sulla biodiversità

In realtà Santo Stefano non era tutta dei militari. Pochi lo sanno, ma dei 300 ettari, 180 appartengono all'antica famiglia Serra, di origine corsa, che acquistò l'isola 120 anni fa dai milanesi conti Federici. Pasquale Serra, 80 anni, ex sindaco Dc della Maddalena, tra gli ispiratori del Parco nazionale nato nel '96, amico di Francesco Cossiga e di Soru, non fu mai indennizzato dall'esproprio militare nei primi anni Sessanta. «La Marina boicotta Soru», dice, «perché Maddalena è da sempre il centro vacanze degli ammiragli. Lo sa bene il presidente Napolitano. L'ammiraglio La Rosa osteggia Soru sull'intera questione delle servitù militari; ma tace sul fatto che si sono dovuti spendere 20 milioni per bonificare l'Arsenale dall'amianto. La Marina teneva i militari sotto amianto? E Bertolaso, la Protezione civile, non ha nulla da dire in proposito?». ■

La base americana a Santo Stefano. Sotto: un altro progetto di collegamento con l'isola della Maddalena. In alto: la statua di Costanzo Ciano

Foto: Massimo Sestini

«Il Tempo» pubblica gli appunti di un dirigente della presidenza del consiglio sulle idee del premier

«Il G8? A Villa Certosa»

Mancano soldi e tempo per i lavori alla Maddalena

La Nuova Sardegna, 26 giugno 2008, pagina 5

G8 a rischio alla Maddalena e Berlusconi vola da Soru

INCONTRO DOMANI NELL'ISOLA: MANCANO 200 MILIONI. E L'UE APRE UNA PROCEDURA DI INFRAZIONE

La Repubblica, 27 giugno 2008, pagina 10

Oggi il G8 alla Maddalena diventa realtà

Soru e Bertolaso aprono il primo cantiere quello che bonificherà l'area dell'Arsenale

Scanu: *«Le parole di Berlusconi sono solo di facciata»* **Sanciu:** *«Siamo in forte ritardo solo perché Rutelli ha perso tempo»*

LA MADDALENA. Questo G8 fa gola. Tanti i pretendenti a ospitare il vertice dei grandi della terra nel luglio dell'anno prossimo: da Milano a Fiuggi, da Napoli ad Alghero. La piccola Parigi, come i maddalenini de¬finiscono affettuosamente la loro isola, sembra però avere vinto la partita. E oggi il sogno inizierà a diventare realtà con l'apertura del primo cantiere. Quello che boni¬ficherà l'area dell'Arsenale, 160mila metri quadri che dalla Marina sono passati alla Regione e che ospiteranno un albergo di lusso e il media center in cui lavoreranno i giornalisti chiamati a seguire l'evento del luglio 2009.
A ratificare l'evento ci saranno le due persone che più di tutti hanno creduto nella possibilità che La Maddalena possa vincere sia la concorrenza di altre sedi italiane che la lotta contro il tempo. Il presidente della Regione Renato Soru e Guido Bertolaso, il capo della protezione civile nominato dal governo Prodi commissario straordinario per il summit, entreranno nell'arsenale questo pomeriggio, a prendere simbolicamente possesso dell'area che per oltre un secolo è stata patrimonio della marina militare italiana e che ora diventa l'immagine della riconversione economica e sociale dell'arcipelago maddalenino.
Gli operai da questa mattina lavoreranno per liberare la zona dai materiali ingombranti e pericolosi e preparare il terreno dove si metteranno le fondamenta per alcune opere fondamentali per il G8 e non solo: un albergo, il centro stampa, il porto e il cantiere nautico. Nei prossimi giorni aprirà anche il cantiere dell'ospedale militare, dove sorgerà un albergo a quattro stelle che ospiterà i capi di stato che parteciperanno al vertice. Quindi sarà la volta degli altri quattro grandi cantieri, tutti già appaltati.
Una corsa che, nonostante le perplessità espresse ultimamente da Silvio Berlusconi, dovrebbe concludersi positivamente. Ne sono convinti, seppure con sfumature diverse, anche i due senatori galluresi, Fedele Sanciu e Gian Piero Scanu. «In effetti — rileva l'azzurro Sanciu — siamo in grave ritardo, principalmente perché Francesco Rutelli, primo commissario per il G8, ha perso tanto tempo. Bertolaso, la cui efficienza è indiscutibile, si è messo al lavoro e sta facendo grandi cose. Comunque, resta sempre la possibilità di uno spostamento del vertice, anche se, comunque, le opere progettato verranno fatte, e La Maddalena ne potrà raccogliere i frutti».
«Le dichiarazioni di Berlusconi su uno spostamento del G8 — replica Gian Piero Scanu del Pd — sono solo di facciata. Non è casuale che Bertolaso sia stato confermato commissario per il summit e anche commissario straordinario per l'emergenza ri¬fiuti in Campania. Anche il premier ha fi¬ducia in lui. Credo che il G8 si farà tranquillamente alla Maddalena. Sarei convinto del contrario solo se fossero preoccupati

ENRICO GAVIANO

La Nuova Sardegna, 14 luglio 2008, pagina 5

Incontro tra la struttura di missione del G8 e le tre imprese sarde che avevano rinunciato agli appalti

La Maddalena è libera dall'amianto

COMPLETATA LA BONIFICA DELL'ARSENALE. ACCORDO TRA INDUSTRIALI E COOP ROSSE

LA MADDALENA. Nell'isola non c'è più l'amianto, una nave con 365 quintali di rifiuti nocivi recuperati nell'arsenale è partita alla mezzanotte verso la penisola, segreta la destinazione. La boni¬ca dell'ex struttura militare è stata dunque completata. Sul fronte dei lavori, ieri i responsabili della struttura di missione hanno incontrato le tre imprese sarde che avevano rinunciato agli appalti, con l'obbiettivo di farle rientrare in gioco. Invece industriali e coop rosse si mettono insieme, fatto storico, e dicono grazie a Soru e Bertolaso.

GUIDO PIGA

La Nuova Sardegna, 27 agosto 2008, pagina 6

Napolitano ha parlato a lungo con il sindaco di La Maddalena Comiti e con il presidente della provincia di Olbia-Tempio Murrighile

«Un G8 speciale come questo luogo»

Il capo dello Stato incontra le autorità locali: «Ho scoperto un paradiso»

LA MADDALENA. La Gallura affascina Giorgio Napolitano, che promette di tornarci. «Sicuramente per il G8, in occasione del summit tra i grandi della terra, ma anche in vacanza».
Il presidente ha piacevolmente scoperto che La Maddalena non è una delle tante isole del Mediterraneo, ma un centro vivacissimo, ricco di storia, cultura, architettura militare e bellezze naturali.
Ne ha parlato a lungo con il sindaco della Maddalena Angelo Comiti e col presidente della Provincia Pietrina Murrighile.

GIAMPIERO COCCO

La Nuova Sardegna, 19 agosto 2008, pagina 6

Il vertice del 2009 . I grandi della terra potrebbero essere ospitati su due grandi navi

Berlusconi gela La Maddalena

«Il G8 toccherà anche Napoli». L'arcipelago non avrà l'esclusiva dell'incontro assegnato all'Isola dal Governo Prodi

Il Sardegna, 2 ottobre 2008, pagina 25

Il Tempo publishes notes on the Italian Premier's ideas written by a director in the Italian PM's Office

"The G8? at Villa Certosa."

There is no more money or time for the work on La Maddalena

La Nuova Sardegna, 26 June 2008, p. 5

La Maddalena G8 at risk: Berlusconi meets Soru

MEETING TOMORROW ON THE ISLAND: 200 MILLION EURO SHORT. THE EU OPENS INFRINGEMENT PROCEEDINGS

La Repubblica, 27 June 2008, p. 10

G8 Summit on La Maddalena becomes a reality today

Soru and Bertolaso open the first building site that will reclaim the area home to the former Arsenal

Scanu: *"Berlusconi's words are simply a façade."* **Sanciu:** *"We are seriously behind schedule simply because Rutelli wasted time."*

LA MADDALENA. This G8 Summit is tempting. There are many Italian claimants for the Summit of the world's leaders next year in July: from Milan to Fiuggi, Naples and Alghero. However, 'Little Paris' (the name affectionately given to the island of La Maddalena by locals) seems to have won the match. And the dream will start becoming a reality today with the opening of the first building site. The one that will reclaim the area around the Arsenal, 160,000 m2 handed over to the Sardinian Region by the Italian Navy that will be home to luxury hotels and media centres for the journalists called to follow the event in July 2009.
The event will be launched by the 2 people who more than anyone else believed La Maddalena could win both against the competition from other Italian locations as well as the fight against time. The President of the Sardinian Regional Government Renato Soru and Guido Bertolaso, the head of the Italian civil defence appointed extraordinary commissioner of the Summit by the Prodi government, will enter the Arsenal this afternoon and symbolically take possession of the area, which for over a century was the patrimony of the Italian Navy and will now become the image of the economic and social reconversion of the La Maddalena Archipelago.
This morning, workers will endeavour to free the area from cumbersome and dangerous materials and will prepare the ground where the foundation will be laid for some of the fundamental works for the G8 Summit, but that's not all: a hotel, media centre, port and shipyard. The building site at the Military Hospital will also be opened over the next few days, where a 4-star hotel will host the Heads of State participating in the Summit. This will be followed by 4 other large building sites, which have all been contracted out.
Despite the perplexities expressed as of late by Silvio Berlusconi, this race against time should end on a positive note. The 2 senators from Gallura, Fedele Sanciu and Gian Piero Scanu, are also convinced of this, albeit with slightly different slants on the issue. "In all truth," says Forza Italia member Sanciu, "we are really behind schedule mainly because the first commissioner for the G8 Summit Francesco Rutelli wasted a lot of time. Bertolaso, whose efficiency is indisputable, got to work and is doing important things. In any event, there is a chance the Summit may still be moved, although the works planned will be completed and La Maddalena will be able to reap the benefits."
"Berlusconi's statements concerning moving the G8 Summit are just a façade," replies Gian Piero Scanu from the Democratic Party. It was no mere chance that Bertolaso was appointed as Summit commissioner and also extraordinary commissioner for the rubbish emergency in Campania (Italy). The Premier also has faith in him. I believe the G8 Summit will be held on the island of La Maddalena. I would only believe otherwise if they were concerned. ENRICO GAVIANO

La Nuova Sardegna, 14 July 2008, p. 5

Meeting between the G8 Summit mission structure and the Sardinian firms that renounced the contracts

La Maddalena is asbestos-free

THE ARSENAL HAS BEEN COMPLETELY CLEANED UP. AGREEMENT BETWEEN INDUSTRIALISTS AND LEFT-WING COOPERATIVES

LA MADDALENA. There is no more asbestos on the island. A ship carrying 365 quintals of dangerous waste recovered from the Arsenal started out at midnight towards a secret destination on the Italian peninsula. The former military building was completely cleaned up. As for the work, yesterday mission structure executives met with the Sardinian firms that renounced the contracts with the goal of getting them back into play. On the other hand, industrialists and left-wing cooperatives joined forces – a historic fact – and thanked Soru and Bertolaso. GUIDO PIGA

La Nuova Sardegna, 27 August 2008, p. 6

Napolitano speaks at length with Comiti, the mayor of La Maddalena, and with Murrighile, President of the Province of Olbia-Tempio

"A G8 Summit as special as this location"

The Head of State meets with local authorities: "I have discovered paradise."

LA MADDALENA. Gallura fascinates Giorgio Napolitano, who promises to return there some day. "Certainly for the G8 Summit when the world's leaders meet, but also for a holiday."
The President of the Italian Republic was pleased to discover that La Maddalena is not simply one of the many islands in the Mediterranean, but a lively town enriched with history, culture, military architecture and natural beauty. He spoke at length about it with Angelo Comiti, the mayor of La Maddalena, and with Pietrina Murrighile, the President of the Province. GIAMPIERO COCCO

La Nuova Sardegna, 19 August 2008, p. 6

The 2009 Summit. The world's leaders may be hosted on 2 large ships

Berlusconi causes the island of La Maddalena to shutter

"The G8 Summit will also be held in Naples" The archipelago appointed for the Summit by the Prodi government will not be the sole venue

Il Sardegna, 2 October 2008, p. 25

G8: se non arrivano i soldi, stop ai lavori

La Maddalena, il sisma in Abruzzo ritarda i pagamenti alle imprese

La Nuova Sardegna, 9 aprile 2009, pagina 11

«No allaMaddalena, qui più sobrio». Epifani apprezza la scelta

Berlusconi: G8 all'Aquila con i risparmi ricostruiremo

Si stemperano le polemiche interne ma l'isola protesta. «I no global non avranno il coraggio di venire a fare casino». Decisione top secret anche per molti ministri

L' annuncio ha colto di sorpresa gli stessi ministri, a conferma che si è trattato di una decisionempresa rapidamente e con l'obiettivo di spiazzare tutti. Non si può negare che Silvio Berlusconi ci sia riuscito: spostare la riunione del G8 di luglio dalla Sardegna all'Abruzzo mentre il Consiglio dei ministri era riunito all'Aquila, ha avuto l'eetto desiderato. L'epicentro del terremoto diventa la vetrina internazionale di un'Italia ferita ed in cerca di aiuti dall'Europa. E vengono azzerate le polemiche sugli sprechi del referendum elettorale: si risparmieranno 220milioni di euro da destinare alla ricostruzione.

Con qualche conseguenza indesiderata e prevedibile, però. Gli amministratori sardi protestano per l'«occasione perduta». Il sindaco della Maddalena, l'isola che doveva ospitare il G8, si rifiuta di crederci. Tocca al «governatore» Ugo Cappellacci, eletto di recente sulla spinta della campagna berlusconiana, il compito non facile di nobilitare il blitz di palazzo Chigi; di far digerire l'amarezza esaltando la «prova di solidarietà » della Sardegna.

Quanto all'opposizione, sembra frastornata: indecisa se applaudire o gettare ombre sull'annuncio del premier e sugli stanziamenti approvati ieri.Ma Berlusconi ha l'aria di averemesso nel conto lo stupore e le proteste; ed anche il consenso dei capi di stato in arrivo in Italia. Il dopo-terremoto si sta rivelando una cornucopia della sua popolarità.

Continuare la spola fra Roma e l'Aquila signica marcare la presenza dello Stato. Di più: identicarlo con la persona del presidente del Consiglio. «Si è realizzato quasi un miracolo, di cui dobbiamo essere orgogliosi», ha detto ieri il premier in una conferenza stampa. Nella sua ottica, la riunione del G8 dovrebbe diventare la conferma della rinascita abruzzese: un colpo a eetto mondiale di fronte al quale tendono a stemperarsi le diatribe con gli avversari sulla celebrazione del 25 aprile, anniversario della Liberazione dal fascismo e dal nazismo.

Ma nel breve periodo si attutiscono anche le tensioni col Quirinale. Molti temevano le conseguenze del monito lanciato mercoledì a Torino dal capo dello Stato, Giorgio Napolitano, sull'esigenza di riforme che non stravolgano l'equilibrio fra le istituzioni. Le sue parole potevano diventare motivo di contrasto con il premier. All'ombra del dopo-terremoto, invece, si ricrea un simulacro di tregua. Anzi, sembra quasi che non sia successo niente. MASSIMO FRANCO

Corriere della Sera, 24 aprile 2009, pagina 2

Berlusconi: Il G8 si terrà a L' Aquila

L' AQUILA. Colpo di scena: il G8 di luglio non si terrà più alla Maddalena, ma all' Aquila, nel cuore della terra devastata dal terremoto, nella scuola della Guardia di Finanza dove dalle prime ore del sisma ha sede il comando operativo della Protezione civile e che Berlusconi ha elettoa quartier generale delle ormai numerose conferenze stampa governative.

Repubblica, 24 aprile 2009, pagina 2

Per gli Stati Uniti L'Aquila è più sicura.
Sì della Gran Bretagna, cauta la Germania

G8, il trasloco all'esame di Washington

La Repubblica 24 aprile, 2009 pagina 4

Move sends 'message of hope' to region, says PM.
World leaders to join homeless amid rubble

Silvio Berlusconi wants G8 to be in earthquake-stricken city of L'Aquila

The Guardian, Friday 24 April 2009

La decisione è stata presa nove giorni fa. Dove? Ironia della sorte, proprio alla maddalena. "Galeotto" l' ultimo sopralluogo sull' isola sarda.

Blitz di premier e Bertolaso spiazzati tutti i ministri

ROMA. Compiuto il 14 aprile scorso da Silvio Berlusconi, Gianni Letta e Guido Bertolaso. Un controllo nato non per caso. Perché il giorno prima, a una sola settimana di distanza dal terremoto abruzzese, il capo della Protezione civile aveva sorpreso il premier con una proposta shock: «Perché non facciamo il G8 a L' Aquila?». Lo "spariglio", insomma, questa volta non è stato del Cavaliere. «Sarebbe un' ottima soluzione - ha spiegato Bertolaso - portare tutti in Abruzzo. Daremmo una mano a quella regione». Parole che all' inizio hanno lasciato il premier piuttosto interdetto. Berlusconi non aveva preso in considerazione una «follia» di questo tipo. «Ma sei sicuro? E dove mettiamo tutti quanti?». Soprattutto il premier è stato colto da un sospetto. «Me lo stai dicendo perché sei in ritardo sui preparativi della Maddalena?». Piccata la risposta del capo della Protezione civile. Che lo ha subito sfidato a controllare lo stato dei lavori: «Viene a vedere tu, di persona: E poi mi dice cosa ne pensi». Il giorno, dopo, allora, ecco il volo in Sardegna insiemea Letta. Una volta verificato che i preparativi stavano seguendo il calendario stabilito, Berlusconi ha cominciato a rivalutare l' idea. «Hai ragione è tutto a posto. L' importante, però, è che sia tutto davvero possibile». Bertolaso, in realtà, aveva già effettuato una valutazione sulle capacità ricettive della scuola della Guardia di Finanza dell' Aquila che negli ultimi 15 giorni è diventato il centro di comando delle operazioni di soccorso. A quel punto sono iniziati i contatti con le altre istituzioni coinvolte. Il presidente della Regione, della Provincia, il sindaco, il prefetto e il comandante delle Fiamme Gialle. E, ovviamente, il ministero degli Interni. Il nodo da sciogliere, infatti, riguardava la sicurezza. Dopo qualche giorno è arrivato il via libera di Maroni. Un disco verde acceso anche ieri al consiglio dei ministri: «È molto più facile garantire la sicurezza a L' Aquila che non alla Maddalena». Un' indicazione che ha dissolto i dubbi e le perplessità manifestate da qualche ministro. Anche perché nessun altro era stato preavvertito. Basti pensare che solo una settimana fa, il ministro degli Esteri, Franco Frattini, ha troncato sul nascere la possibilità di un "trasloco" del G8: «È semplicemente impossibile». Altero Matteoli, poi, prima della riunione di governo escludeva assolutamente il blitz: «Non è plausibile spostare il G8». La scelta invece era già stata compiuta. «Penso che sia giusto tenere il G8 qui - ha detto Berlusconi - . Non me la sento di organizzare un vertice in una località dove si fanno vacanze di lusso. Voglio dare un messaggio di sobrietà». Un ragionamento che non ha convinto subito tutti. «Siete sicuri - ha avvertito lo stesso Matteoli - che sia possibile garantire l' ordine pubblico?». Dubbi raccolti poco dopo pure dal ministro della Difesa, Ignazio La Russa. Prudenze, appunto, svanite dopo l' intervento di Maroni. E alla fine anche il Ministro delle Infrastrutture ha dovuto ammettere: «È stata presa una decisione politica». CLAUDIO TITO

La Repubblica, 24 aprile 2009, pagina 1

G8: if funds don't arrive, work will stop

La Maddalena: earthquake in Abruzzo delays payments to the firms

La Nuova Sardegna, 9 April 2008, p. 11

"No to the island of La Maddalena. It is more sober here." Epifani is pleased with the choice

Berlusconi: G8 in L'Aquila We will rebuild using the savings

Internal controversy is dissolved, but the island protests "Anti-globalisation movement members won't have the nerve to cause trouble." Top secret decision also for many ministers

The announcement surprised even the Italian ministers, confirming that this decision was made very quickly with the aim of catching everyone unprepared. No one can deny that Silvio Berlusconi succeeded in his intent: moving the G8 Summit in July from Sardinia to Abruzzi while the Italian Council of Ministers met in L'Aquila resulted in the desired effect. The epicentre of the earthquake becomes an international showcase for a wounded Italy looking for aid from Europe. And the controversies over the waste and the electoral referendum are zeroed: we will save 220 million euro that will be used in the reconstruction. However, this resulted in a few undesirable yet predictable consequences. Sardinian administrators protest over the 'lost opportunity'. The mayor of the island of La Maddalena - which was to host the G8 Summit - can't believe it. 'Governor' Ugo Cappellacci (recently elected due to the spur received from the Berlusconian campaign) has the difficult task of ennobling the blitz at Palazzo Chigi, and making the bitterness acceptable by exalting Sardinia's 'proof of solidarity'. As for the opposition, it appears bewildered: it can't decide whether or not to applaud or to cast a shadow over the announcement by the Premier and the allocations approved yesterday. But Berlusconi appears to have allowed for astonishment and protests, and also for the consent by the Heads of State arriving in Italy. The post-earthquake period is becoming a cornucopia of his popularity.
Continuing the shuttle between Rome and L'Aquila means underlining the presence of the State. And more than that: identifying it with the person of the Italian PM. "This is almost a miracle and we should be proud of it," the Premier said yesterday at a press conference. From his point of view, the G8 Summit should become the confirmation of the rebirth of Abruzzi: an international sensation in light of which the diatribes tend to be dissolved with the adversaries concerning the celebration of 25 April, the anniversary of the liberation from Fascism and Nazism. But tension with the Office of the President of the Italian Republic is also eased in the short term. Many feared the consequences of the warning on Wednesday by Head of State Giorgio Napolitano on the need for reforms that do not upset the balance between the institutions. His words could have been reason for conflict with the Premier. However, a semblance of peace is recreated in the shadow of the aftermath of the earthquake. Better yet, it would almost seem as though nothing happened. MASSIMO FRANCO

Corriere della Sera, 24 April 2008, p. 2

Berlusconi: the G8 will be held at L'Aquila

L'AQUILA(Italy). An unexpected turn of events: the venue for the G8 Summit to be held in July will not longer be the Italian island of La Maddalena (in Sardinia), but rather L'Aquila in the heart of the area devastated by the earthquake. Specifically, it will be held in the school of the Italian Financial Police – the location of the Italian Civil Defence operational command since the early hours of the seism and chosen by Italian PM Berlusconi as the headquarters for the now numerous press conferences held by the government.

La Repubblica, 24 Aprile 2009, p. 2

L'Aquila is more secure for the United States. Yes from Great Britain, while Germany is cautious

G8: move under Washington examination

La Repubblica [24 April 2009], p. 4

Move sends 'message of hope' to region, says PM. World leaders to join homeless amid rubble

Silvio Berlusconi wants G8 to be in earthquake-stricken city of L'Aquila

The Guardian, Friday 24 April 2009

The decision was made 9 days ago. Where? Precisely on the island of La Maddalena. The last inspection on the Sardinian island was an 'accomplice'.

Premier and Bertolaso blitz: ministers caught unprepared

ROME. Performed last 14 April by Silvio Berlusconi, Gianni Letta and Guido Bertolaso. It was no coincidence the assessment was carried out, because one day earlier – after only one week from when the earthquake struck in Abruzzi – the head of the Civil Defence surprised the Premier with a shock proposal: "Why don't we organise the G8 Summit in L'Aquila?" In short, this time Berlusconi wasn't responsible for the 'disassociation'. "Bringing everyone to Abruzzi would be an excellent solution," said Bertolaso. "We will help that region out." These words initially left the Premier rather dumbfounded. Berlusconi hadn't considered this type of 'madness'. "Are you sure? Where will we put everyone?" Moreover, the Premier was suspicious of one thing. "Are you telling me this because work on the island of La Maddalena is behind schedule?" The head of the Civil Defence's answer was resentful. It immediately challenged the PM to check the progress of the work: "Come and check things out in person. And then tell me what you think." So the next day Berlusconi flew to Sardinia together with Letta. Once he was able to verify that the preparations were on schedule, he started reassessing the idea. "You're right. Everything is ok. However, it's important that everything is truly possible." In all truth, Bertolaso had already assessed the capacity in terms of accommodations of the school of the Financial Police in L'Aquila, which over the last 15 days had become the headquarters for the rescue operations. This is when contact began with the other institutions involved: the President of the Region and of the Province, the mayor, the Civil governor and the Commander of the Financial Police. And naturally, the Italian Ministry of Internal Affairs. In fact, the challenge was all about security. After a few days, Maroni gave the green light. And yesterday the Italian Council of Ministers also gave its go-ahead. "It is much easier to ensure security in L'Aquila than on the island of La Maddalena." This remark dissolved the doubts and perplexities of several ministers - also because no one else had been informed beforehand. Just think that only one week ago, Italian Minister for Foreign Affairs Franco Frattini immediately cut short any possibility of 'moving' the G8 Summit. "It is simply impossible." Then, Altero Matteoli absolutely excluded the blitz before the government meeting. "Moving the G8 Summit is not conceivable." However, the choice had already been made. "I believe the right thing to do is to hold the G8 Summit here," said Berlusconi. "I don't feel like organising a Summit in a location where people go on luxury holidays. I want to send out a message of sobriety." His reasoning didn't convince everyone immediately. "Are you sure public order can be guaranteed?" warned Matteoli himself. Shortly thereafter, Italian Minister for Defence Ignazio La Russa also expressed his doubts - caution that simply vanished after the intervention by Maroni. In the end, the Italian Minister of Infrastructures had to admit: "A political decision has been made." CLAUDIO TITO

La Repubblica, 24 April 2009, p. 1

L'intuizione di Soru e l'aiuto di Prodi

Dopo la partenza della Us Navy l'ex presidente della Regione pensò al summit come motore per la riconversione economica dell'arcipelago

La Nuova Sardegna, 24 aprile 2009, pagina 5

Un'isola - cantiere surreale

Resta la speranza del summit mondiale sul clima

LA MADDALENA. E ora? Che ne sarà delle opere alla Maddalena? Soprattutto, quale sarà lo sviluppo dell'isola senza più militari né turismo?
Lo spostamento all'Aquila apre una voragine. Alle imprese sarebbe arrivato l'ordine di bloccare tutto, indiscrezione smentita dalla struttura del G8. Il gruppo Marcegaglia potrebbe rivedere i suoi piani di investimenti, senza scartare l'ipotesi di mollare tutto. Unica speranza, il vertice mondiale sul clima. Berlusconi ha detto che si farà a ottobre. Sarà così?

La Nuova Sardegna, 24 aprile 2009, pagina 3

Il premier me l'ha promesso le opere saranno completate

ROMA. Le opere avviate a La Maddalena e in tutta la Sardegna per ospitare il G8 di luglio «saranno tutte completate». Parola di Silvio Berlusconi che ieri ha incontrato a palazzo Grazioli il governatore sardo Ugo Cappellacci (Pdl). «Il governo - ha riferito Cappellacci al termine dell' incontro - in particolare, realizzerà la "Sassari-Olbia" nei tempi previsti». Inoltre, ha garantito Berlusconi al presidente della Sardegna, «il sito è comunque oggetto di forti investimenti e c' è l' assicurazione che diventerà sede operativa permanente per tutti gli eventi internazionali». Quindi «non saranno lasciati cantieri aperti o incompiuti» dopo la decisione di trasferire la riunione del G8 a L' Aquila. «Berlusconi - ha riferito Cappellacci - si è impegnato per il completamento di tutte le opere in corso in Sardegna mantenendo i tre turni di lavoro e ha dato incarico al sottosegretario Letta di avviare la realizzazione della strada a quattro corsie sulla direttrice Sassari-Olbia».

La Repubblica, 25 aprile 2009, pagina 8

Il reportage. Quattro edifici ecologici in vetro e legno. Tappeti e tende lasciati su un balcone. L'architetto Boeri: uno choc il cambio di sede

Alberghi e circoli velici, la nuova Maddalena senza G8

Le strutture costruite per i Grandi sono già pronte.
C'è anche la suite della Clinton con vasca doppia.

Corriere della Sera, 22 giugno 2009

Bertolaso e Onorato alla Maddalena per la Vuitton Cup

La Louis Vuitton Cup, un evento per risarcire e rilanciare La Maddalena. Della seconda regata velica più importante del mondo, hanno parlato Bertolaso, Onorato e i dirigenti della regata.

la Nuova Sardegna, 28 agosto 2009, pagina 00

Prenderanno il via da Nizza, il 7 novembre, le World Series, primo circuito itinerante di top-level del match race. A rappresentare i colori azzurri ci saranno Mascalzone Latino e Italia by Joe Fly

Ecco la nuova Louis Vuitton, tappa anche a La Maddalena

A MAGGIO A LA MADDALENA.
Il secondo degli eventi della Louis Vuitton World Series è previsto per marzo 2010 ad Auckland in Nuova Zelanda e sarà seguito da un evento a La Maddalena nel maggio 2010. Gli organizzatori stanno inoltre valutando l'interesse all'adesione di altre città internazionali per completare il circuito per il calendario 2010 e 2011. Bruno Troublè, ideatore della Louis Vuitton Cup e portavoce di LVWS, ha spiegato: "Abbiamo ricevuto proposte da parte di città interessate come Atene, Valencia, Newport, Città del Capo, Hong Kong, e Abu Dhabi per ospitare gli eventi futuri". Tutti gli eventi LVWS si svolgeranno durante i prossimi due anni insieme alla Coppa America.

La Repubblica, 8 settembre 2009

Domani il summit Italia-Spagna

Primo appuntamento internazionale dopo lo "scippo" del G8 a luglio

La Nuova Sardegna, 9 settembre 2009, pagina 8

Louis Vuitton, il circuito anche a La Maddalena

GENOVA. La Louis Vuitton World Series, circuito di regate internazionali con i campioni della grande vela, approderà in Sardegna, a La Maddalena. La manifestazione, programmata per la prima decade di maggio 2010, è stata da Vincenzo Onorato, presidente di Mascalzone Latino, a seguito dell'annuncio da parte di Louis Vuitton di voler organizzare in altre località la regata svoltasi lo scorso febbraio ad Auckland e che tanto successo ha riscosso a livello i nternazionale. Le regate si svolgeranno nelle acque sarde con la formula del match racing, tutti contro tutti, ogni team partecipante dovrà infatti competere contro tutti gli altri avversari. Le imbarcazioni utilizzate per l'occasione saranno quattro scafi classe Coppa America modificati per l'evento, al fine di renderli uguali tra loro. «Sono soddisfatto del successo ottenuto - ha dichiarato Vincenzo Onorato -, porteremo la grande vela alla Maddalena. La Sardegna, secondo i tecnici delle LV Worl d Series, è il posto migliore al mondo dove organizzare una manifestazione come questo sta». Il primo appuntamento del circuito di regate Louis Vuitton è fissato a Nizza dal 7 al 22 novembre, successivamente, oltre alla tappa sarda, sono previste, ma ancora in fase di definizione, una tappa ad Auckland in Nuova Zelanda, una in America e una ad Hong Kong.

il Tirreno, 07 ottobre 2009, pagina 17

Vertici, il debutto di La Maddalena

Berlusconi e Zapatero nell'ex arsenale, temi politici e commerciali

Il Corriere della Sera, 7 ottobre 2009

Soru's intuition and Prodi's help

After the U.S. Navy left, the former President of the Sardinian Regional Government thought of the Summit as the means for the economic reconversion of the archipelago

La Nuova Sardegna, 24 April 2009, p. 5

There is still hope for the international Summit on Climate Change

A surreal island-building site

LA MADDALENA.Now what? What will happen to the work on the island of La Maddalena? And moreover, how will the island be developed without the military or tourism? The move to L'Aquila opens an abyss. It is rumoured the firms have received the order to stop everything, an unconfirmed report denied by the G8 organisation. The Marcegaglia Group may review its investment plans, or even give it all up. The only hope left is the international Summit on Climate Change. Berlusconi said it will be held in October. Will it?

La Nuova Sardegna, 24 April 2009, p. 3

The Premier promised me the work will be completed

ROME. The work started in La Maddalena and throughout Sardinia to host the G8 Summit in July "will all be completed". Silvio Berlusconi gave his word yesterday when he met with Sardinian governor Ugo Cappellacci (member of Italian political party Popolo della Libertà) at Palazzo Grazioli. "Specifically, the government will complete the Sassari-Olbia road on time," said Cappellacci at the end of the meeting. Berlusconi also assured the President of Sardinia "the site is in any event being heavily invested in and the assurance exists that it will become the permanent operating venue for all international events". Therefore, "no building sites will be left open or incomplete" after the decision was made to move the G8 Summit to L'Aquila. According to Cappellacci, "Berlusconi gave me his world that all work in progress in Sardinia will be completed by maintaining 3 shifts a day, and he appointed Undersecretary Letta to start building the 4-lane Sassari-Olbia corridor".

La Repubblica, 25 April 2009, p. 8

The report. 4 environment-friendly glass and wooden buildings.
Carpets and drapes left on a balcony.
For architect Stefano Boeri, the change of venue comes as a shock

Hotels and sailing clubs, the new La Maddalena without G8

The buildings built for the world's leaders have already been prepared. There is also a suite for Clinton with a bathtub for two

Corriere della Sera, 22 June 2009

Bertolaso and Onorato on the island of La Maddalena for the Vuitton Cup

The Louis Vuitton Cup: an event to compensate and re-launch La Maddalena. Bertolaso (in the photo), Onorato and regatta executives spoke about the second most important sailing regatta in the world.

la Nuova Sardegna, 28 August 2009, p. 00

The World Series will start 7 November in Nice (France) and will be the first top-level itinerant circuit of the match race. Mascalzone Latino and Italia by Joe Fly will represent Italy

The new Louis Vuitton Trophy: La Maddalena will also host the event

IN LA MADDALENA IN MAY.
The second Louis Vuitton World Series event is expected to be held in March 2010 in Auckland (New Zealand), and will be followed by an event held in La Maddalena in May 2010. Organisers are also assessing interest shown by other international cities to host the event and complete the circuit for the 2010-2011 calendar. Bruno Trouble, creator of the Louis Vuitton Cup and spokesman for the LVWS explains: "We have received proposals to host future events from cities that are interested, such as Athens (Greece), Valencia (Spain), Newport (U.S.A.), Cape Town (South Africa), Hong Kong (China) and Abu Dhabi (United Arab Emirates). All LVWS events will be held during the next 2 years together with the America's Cup.

La Repubblica 8 settembre 2009

Italy-Spain summit tomorrow

First international appointment after the G8 to be held in July was 'pinched'

La Nuova Sardegna, 9 September 2009, p. 8

Louis Vuitton: the circuit also in La Maddalena

GENOA (Italy). The Louis Vuitton World Series international regatta circuit and its yachting champions will land in Sardinia in La Maddalena. The event, which is scheduled for the first ten days in May 2010, was proposed by the president of the Mascalzone Latino sailing team, Vincenzo Onorato, following the announcement by Louis Vuitton to want to organise the internationally-successful regatta held last February in Auckland (New Zealand) in other cities. The regattas will be held in the Sardinian waters in a match racing format – everyone against everyone. Each participating team will in fact compete against all other adversaries. The event will involve 4 America's Cup-category boats modified for the event so they are all the same. "I am satisfied with the success achieved," stated Vincenzo Onorato. "We will bring yachting to the island of La Maddalena. According to the LV World Series technicians, Sardinia is the best place in the world to organise this type of event." The first appointment for the Louis Vuitton regatta circuit is set to be held in Nice (France) from 7-22 November. A stage in Auckland, one in America and another in Hong Kong are expected sometime thereafter following the stage in Sardinia, although they are still being finalised.

il Tirreno, 07 October 2009, p. 17

Summits, La Maddalena debuts

Berlusconi and Zapatero in the former Arsenal: political and trade topics

Il Corriere della Sera, 7 October 2009

…rtice trasferito dalla Maddalena, proteste in Sardegna. L'opposizione: scelta giusta, ma non rallenti la ricostruzione

…erlusconi: il G8 all'Aquila

di Brown…

LA MADDALENA. Il G8 del 2009 si farà alla …addalena. E si terrà nella data prevista, agli …nizi di luglio. Le risorse ci sono (trovati i 200 …ilioni di euro che mancavano all'appello) e i …avori saranno ultimati entro maggio. Se in …uesti ultimi giorni si era sollevato più di un …

…to grandi del mondo, ieri tutte le riserve … state spazzate via dopo il sopralluogo del … dente del Consiglio Silvio Berlusconi, ins… con il presidente della Regione Renato S… il commissario per il G8, Guido Bertola… premier ha chiesto se le opere possono d…

Il reportage Quattro edifici ecologici in vetro e legno. Tappeti e tende lasciati su un balcone. L'architetto Boeri: uno choc il cambio di sede

Alberghi e circoli velici, la nuova Maddalena senza G8

Le strutture costruite per i Grandi sono già pronte. C'è anche la suite della Clinton con vasca doppia

DAL NOSTRO INVIATO

ISOLA DELLA MADDALENA (Olbia) – Ritratto sulla parete di vetro, il nostro pianeta si distende aperto da un polo all'altro. Immagine simbolica di una Terra unita da una sorte comune. «Mancano i pallini che avrebbero dovuto indicare i luoghi dove si sono svolti i vari G8. Ultimo: La Maddalena» spiega Stefano Boeri, architetto milanese da sempre innamorato dell'isola, incaricato dall'ex presidente della Regione Soru e dal capo della Protezione Civile Bertolaso di reinventare

Il planisfero

Sulla parete un grande planisfero. «Abbiamo tolto i pallini che indicavano le precedenti riunioni»

l'area dismessa dalla Marina militare dove si sarebbe dovuto tenere il vertice internazionale. Poi, a soli due mesi dal via, il colpo di scena: G8 all'Aquila. «Nessun sentore — dichiara Boeri —. Berlusconi e Bertolaso erano venuti a visitare il cantiere solo qualche settimana prima e tutto sembrava filare liscio. Poi lo choc. Per noi, per le 1.600 persone che qui hanno lavorato 24 ore su 24 da un anno a questa parte. L'unica cosa che abbiamo potuto sventare sono quei pallini ormai anacronistici come l'evento che avrebbe dovuto far da vetrina all'intera struttura».

Quattro edifici, due nuovi, due recuperati, che scandiscono 150 mila metri quadrati affacciati su uno dei panorami più mozzafiato del Mediterraneo, tra Caprera e Santo Stefano: acque di cristallo, rocce rosate, macchia mediterranea. Sfondo ideale per un futuro paradiso dei velisti: due darsene con 700 posti barca, fondali profondi, cantiere navale, yacht club, albergo, centro espositivo. Spazi finora off limits, aperti in anteprima per il *Corriere*.

La prima sorpresa è la vastità del luogo e l'armonia dei fabbricati, nessuno alto più di dieci metri, tutti costruiti secondo criteri ecologici e un'eleganza ascetica, scevra da qualsiasi esibizione di lusso. L'esatto contrario della pur vicina Costa Smeralda. Qui a farla da padrone sono vetro, legno, basalto, materiali ricorrenti in ogni costruzione. A cominciare dallo spazio che avrebbe dovuto ospitare le delegazioni G8 e poi diventare centro espositivo: arcate di pietra e pareti trasparenti illuminate da sofisticati sistemi fotovoltaici da 170 kw al giorno, mentre la climatizzazione è fornita dall'acqua del mare, canalizzata in modo da rinfrescare d'estate e temperare d'inverno. Losanghe di vetro si intrecciano invece sulla facciata del Conference Center, sede del summit mancato, prossimo yacht club. Al di là del porto, infine l'albergo dove Obama aveva prenotato la sua suite. Rimasta desolatamente vuota. Abbandonati su un balcone i magnifici tappeti e le tende tessute secondo i dettami dello stilista Antonio Marras. Accanto, la suite destinata a Hillary Clinton, con vasca da bagno king size.

«Mancano solo gli arredi — prosegue Boeri —. E il verde. Tutti i tetti dovrebbero essere coperti di arbusti locali». Ma al verde per ora si è dovuto rinunciare. «Dopo la trasferta del G8 ci sono stati tolti i 50 milioni necessari a completare il progetto», precisa l'architetto. Così i milioni stanziati dalla Regione sono scesi a 327. Cifra che comprende anche l'imprevista bonifica dall'amianto trovato nel terreno e dalle scorie abbandonate sui fondali.

Terminati i lavori a fine maggio, l'intera struttura giace ora abbandonata, in attesa di quel che ne farà la Mita Resort della presidente Confindustria Emma Marcegaglia, che se n'è assicurata la gestione per 30 anni, più 10 promessi da Berlusconi come risarcimento danni per mancato G8. Al momento terra di nessuno resta un altro hotel ricavato dall'ex ospedale della Marina dall'architetto Casamonti. La prima asta per assegnarlo è andata deserta.

Sabato prossimo, intanto, qui arriveranno la Marcegaglia e Berlusconi per inaugurare le nuove strutture. Uno sbarco atteso con ansia per il futuro dell'isola. «Tutto ciò che è stato realizzato va sfruttato a tempo pieno — sostiene Mauro Della Giovanpaola, direttore della struttura Missione G8 —. Giusta la vocazione velistica per l'estate, ma l'area dovrà vivere anche il resto dell'anno».

«Il progetto è stato terminato nei tempi stabiliti, è bellissimo, ma rimane l'amarezza di esser stati scippati di una grande occasione — conclude Renato Soru —. Il rischio è che tanto lavoro, tanto denaro pubblico siano stati sprecati per motivi che niente hanno a che fare con la sicurezza o con il risparmio. Fin dall'inizio Berlusconi non voleva il G8 qui. A questo punto mi auguro che la prossima gestione terrà conto della Maddalena. Questi spazi devono essere aperti alla gente del posto. Si sono smantellati muri e cancelli della Marina, a nessuno venga in mente di erigerne di nuovi».

Giuseppina Manin

I lavori

Per un anno 1.600 persone hanno lavorato 24 ore su 24 per le strutture, due nuove e due recuperate

Il Conference Center

La Mita Resort di Emma Marcegaglia gestirà il Conference Center per 30 anni, più 10 di indennizzo per l'evento mancato

Legno e vetro Listoni di legno separano le pareti del futuro centro espositivo nato per ospitare le delegazioni del summit *(Rosselli)*

Il mondo al congresso L'interno di quello che doveva essere il Centro congressi con il mondo steso su una parete di vetro *(Rosselli)*

Sul mare A destra un plastico riproduce l'intera area che avrebbe dovuto ospitare il G8. In primo piano l'eliporto, le darsene e, sporgente sull'acqua, l'edificio creato per il summit. A sinistra la struttura ideata dall'architetto Stefano Boeri *(foto Paolo Rosselli)*

Il Corriere della Sera, lunedì 22 giugno 2009, pag 22 / monday June 22nd, 2009, p. 22

…to ai Grandi, e che nel vecchio …ch'esso di stampo ottocentesco …da trent'anni, sorgeranno come …la conference room degli incon-

…nata non solo a sfruttare le vestigia di vecchie servitù militari di cui la Regione è diventata proprietaria, ma anche a cancellare definitivamente quell'atmosfera da vecchia colonia che aleggia nell'isola. E a lanciare l'arcipela-

al giorno vengono riversati dai barconi su spiagge e spiaggette di Santa Maria, Budelli, Spargi, tutti gioielli naturali. Turismo di passo, che non fa la spesa, non va in albergo, non affitta case. Consuma le bellezze naturali,

…lieviteranno fino alla strabiliante cifra di 800 milioni. Come? Agganciando al treno in partenza del grande evento, e alle sue procedure superveloci sull'impatto ambientale, una

Olbia per far atterrare l'Air Force One, dal depuratore-potabilizzatore dell'isola dimensionato ai futuri consumi (12 milioni), fino al "waterfront" maddalenino (18 milio-

…cento volumet… essere recupera… saggistico regi… bloccato l'edi…

I Grandi del mondo dalla Sardegna all'Abruzzo. Londra approva, «disponibilità» Usa

Il G8 trasferito all'Aquila

Berlusconi: non ci saranno proteste. Otto miliardi per il sisma

Silvio Berlusconi ha proposto di spostare la sede del prossimo G8 dalla Sardegna all'Aquila. Sì di Londra, disponibilità degli Usa. Stanziati otto miliardi per il terremoto. DA PAGINA 2 A PAGINA 6

Il retroscena

La mossa del Cavaliere con il sì di Tremonti

di FRANCESCO VERDERAMI

Il Cavaliere no-global è l'ultima frontiera del berlusconismo. Scegliendo infatti l'Abruzzo come sede del G8, il premier d'un colpo riduce la distanza tra i leader mondiali e i manifestanti, disorienta e depotenzia le frange più dure e facinorose, e quasi si impossessa delle parole d'ordine dei contestatori.

CONTINUA A PAGINA 3

Giannelli

Il caso: il sindaco di Parigi

Delanoë: saluti fascisti per Alemanno La replica: falsità

di ROBERTO ZUCCOLINI

A PAGINA 8

Il Colle e la Liberazione

Napolitano: tutti uniti per il 25 Aprile, partigiani fondamentali

di MARZIO BREDA

A PAGINA 9

Memorie smarrite

La cattiva coscienza dei critici della globalità

di ANDRÉ GLUCKSMANN

«*Pierina una mattina col secchiolino in testa Ritto sul cerchio, a vendere il latte se ne va...*» Difficile valutare la coorte — talvolta l'accozzaglia — dei cosiddetti «intellettuali». Non sono capaci di mungere le vacche né, tranne qualche eccezione, gli uomini d'affari e più raramente gli esperti finanziari. Una simile definizione, in senso negativo, impedisce agli intellettuali di accanirsi sulle analisi sofisticate che addossano la responsabilità dell'attuale crisi economica agli errori delle cartolarizzazioni, alla spirale impazzita di debiti e crediti, alle deregolamentazioni avventate, ecc.

CONTINUA A PAGINA 38

voluto più pubblicarlo». Lo stesso Koolhaas precisa però che queste sue riflessioni assumono un significato che va ben al di là delle «semplici» contingenze italiane. Dice: «Certo, ho visto il progetto per il G8, è un bel progetto; ho visto anche la delusione della gente. Ma la morale di questa storia è una sola: come la politica rovina la buona architettura. In ogni parte del mondo». Un appunto, infine, sul destino delle strutture progettate da Stefano Boeri per il G8: dopo qualche meeting bilaterale (Italia-Spagna, Italia-Russia) la loro gestione dovrebbe passare tra poco alla «coppia» Gruppo Marcegaglia-Mita Resort, mentre (questo è già ufficiale) sarà proprio La Maddalena (Casa del Mare compresa) ad ospitare la «Louis Vitton Cup» del 2010.

di REM KOOLHAAS

L'architetto del sorprendente intervento per il G8 alla Maddalena probabilmente non si aspettava che la prima cerimonia pubblica nell'insediamento completato sarebbe stata usata dal suo cliente come una tribuna per dichiarare al mondo che — in tutta la sua vita — non aveva mai pagato una donna per fare sesso.

In effetti, la pur breve storia di questo progetto — in tutto, 20.690 metri quadrati di strutture per conferenze, stampa e ospitalità, costruite nello splendido porto abbandonato dalla Marina Militare Italiana e consegnate a soli 10 mesi dall'inizio dei cantieri — ha visto una corsa testa a testa tra la determinazione dell'architetto nel voler creare un'architettura sobria e contemporanea per la politica e le farsesche manipolazioni della committenza; giunte fino al punto di spostare all'ultimo momento il G8 nell'area di una città, L'Aquila, an-…

Il critico

Rem Koolhaas (Rotterdam 1944): tra i suoi progetti, l'Opera di Cardiff e il Prada Transformer di Shanghai. È autore…

governativa realizzata a Berlino, l'insed… per il G8 abortito alla Maddalena rappres… dei pochissimi casi, nell'ultimo decennio… costruiti esplicitamente per la politica.

La politica è, del resto, un'arena insid… l'architettura contemporanea: un campo … cazione che è stato dapprima screditato d… colose seduzioni dell'architettura stalin… quella fascista-mussoliniana e poi quasi … to da un quarto di secolo di architettur… solo dal libero mercato.

Con tutta probabilità, gli ultimi period… per un'architettura dedicata esplicitam… politica risalgono alla Brasilia degli anni … l'esplosione dei nuovi Parlamenti in Afric… te la stagione post-indipendentista. L'ar… realizzata a Berlino durante gli anni 90 n… fatti con imbarazzo la fatica di aver creato … zio rinunciatario e palesemente non car… che ci offre solamente la rassicurazione di quanto la democrazia possa essere in fin…

Bertolaso: «Presidente se lei ci dà il via libe ce la facciamo a fare tutto». I progetti sono p ciuti moltissimo a Berlusconi, il quale ha lo to la bellezza della Maddalena e si è schier a favore dell'organizzazione nell'arcipelago un altro grande evento, la Coppa America.

Il caso L'architetto olandese, Premio Pritzker nel 2000, racconta due Italie: l'edonismo esasperato e la sobrietà di un

Quando la politica tradisce il

poi abbandonato per spo

Gebaut für die Großen der Welt: *Das neue Konferenzzentrum von La Maddalena.*

Fotos Tobias Piller

Das gestohlene Gipfeltreffen

Es hätte der touristische Durchbruch werden können. La Maddalena vor der Nordküste Sardiniens sollte den Regierungsgipfel der acht größten Industriestaaten beherbergen. Als aber in den Abruzzen die Erde bebte, entschied sich Berlusconi über Nacht anders.

Von Tobias Piller

Bürgermeister Angelo Comiti brauchte einen ganzen Tag, um sich in die unerwarteten Realitäten zu fügen. „Am Anfang dachte ich nur, das Ganze sei ein Beitrag zur Sendung ‚Verstehen Sie Spaß?'", sagt der Erste Bürger der Stadt La Maddalena. Eineinhalb Jahre lang hatten er und seine Stadt vor der Nordküste Sardiniens auf das Ziel hingearbeitet, die Mächtigen der Welt zu Gast zu haben. Doch am 23. Mai, nicht einmal sieben Wochen vor dem Ziel, hat Italiens Ministerpräsident Silvio Berlusconi einen Strich durch die Rechnung gemacht. Der Gipfel wurde kurzerhand mitten ins Erdbebengebiet von L'Aquila verlegt. „Bei aller Solidarität mit den Abruzzen meine ich, dass L'Aquila kein Gipfeltreffen braucht. Das fügt zu all den Problemen noch ein weiteres hinzu", sagt der Bürgermeister enttäuscht.

Ginge es für La Maddalena nur um reine Prestigefragen, könnte der „gestohlene Gipfel", wie er nun in Sardinien heißt, noch etwas leichter als politisches Pech abgeschrieben werden. Doch La Maddalena wollte nicht einfach nur einen Werbespot. Das Kürzel „G 8" symbolisierte fast zwei Jahre lang den Beginn einer neuen Epoche für eine Stadt, die bisher mit Tourismus wenig zu tun hatte. „Bisher haben wir gerade einmal ein paar Touristen im Sommer geduldet", sagt der Lokaljournalist Andrea Nieddu. Hotels gibt es kaum, doch gaben sich die wenigen Urlauber als Geheimtipp die Adressen von privaten Wohnungsvermietern weiter. Dafür, dass La Maddalena am äußersten Ende Italiens und noch dazu auf einer Insel liegt, ist die Stadt jedoch unerwartet groß: 12 000 Einwohner leben hier, vor allem an einer kilometerlangen Häuserfront im Süden der Insel, die wie die Stadt ebenfalls La Maddalena heißt und zusammen mit einem Archipel von sechs großen und 21 kleinen Inseln das Stadtgebiet darstellt.

Für den früheren italienischen Ministerpräsidenten Romano Prodi schien die Insel La Maddalena gerade passend, als er 2007 über den Austragungsort des Weltwirtschaftsgipfels entschied. Nachdem die letzte Konferenz in Genua von Straßenschlachten gezeichnet war, wirkte die überschaubare und gut kontrollierbare Insel geradezu ideal. Die linken Politiker an der Spitze der Region Sardinien brauchten wiederum eine aufsehenerregende Veranstaltung, weil sie unter die bisherige Geschichte von La Maddalena aus politischen Gründen einen Schlusspunkt gesetzt hatten. Jahrhundertelang hatte die Stadt bisher von Militär- und Marinestützpunkten gelebt. Italiens Marine hatte dort vor einigen Jahrzehnten noch 1000 Mann stationiert. Bis 2007 hatte auch die amerikanische Marine auf der Insel eine Basis, die mit dem Versorgungsschiff „Emeryland" und 2600 Soldaten für Nachschub und Instandhaltung der Atom-U-Boote im Mittelmeer sorgte. Der politisch beschleunigte Abzug der Amerikaner wurde in der Gegend als Großtat für Frieden und Ökologie gefeiert. Zudem klang damals immer wieder an, dass La Maddalena eine bessere Zukunft als Tourismusziel an der prestigeträchtigen Nordküste Sardiniens verdient habe.

Mittlerweile stellt sich jedoch heraus, dass der Wandel von der staatlich finanzierten, aber teilweise verschmähten Militärwirtschaft zu einem privatwirtschaftlich organisierten, wettbewerbsfähigen Tourismusstandort viel mühsamer ist als erwartet. Dabei schien zunächst der versprochene Weltwirtschaftsgipfel wie eine bequeme Lösung für alle Probleme des Übergangs. Vor allem aber hatte sich wieder die Zentralregierung in Rom darum gekümmert, alle Probleme von La Maddalena von oben her zu lösen.

In nur zehn Monaten war das Tagungszentrum fertig

Das Ergebnis des staatlichen Einsatzes für den ehemals geplanten Gipfel und für die touristische Zukunft von La Maddalena kann in fertigem Zustand bewundert werden, wenn auch nun ohne die eigentlich dafür gedachten Staatsgäste. Nicht ausreichend gewürdigt wird bisher auch die organisatorische Leistung beim Bau des neuen Konferenzzentrums, wo der Gipfel stattfinden sollte. „Vor allem für italienische Umstände wurde hier ein wahres Wunder vollbracht", urteilt der Architekt Stefano Boeri. Größere Bauprojekte mit Kosten von mehr als 50 Millionen Euro bräuchten im Schnitt elf Jahre bis zur Fertigstellung. Selbst im angeblich besser organisierten Frankreich brauche er für ein Großprojekt in Marseille voraussichtlich acht Jahre bis zur Fertigstellung, berichtet der Mailänder Architekt. Für das Konferenzzentrum für 300 Millionen Euro mit Yachthafen, Hotel, Pressezentrum, zwei Sälen mit 2000 Plätzen, Multifunktionsgebäude für die Delegationen sowie dem Saal für die Staats- und Regierungschefs genügten auf La Maddalena nur zehn Monate Bauzeit.

Im April 2008 hatte Boeri die ersten Skizzen abgeliefert, im August die Grundlinien des gesamten Projektes. Dabei konnte dann nicht etwa mit dem Bau auf einer grünen Wiese begonnen werden. Der Reiz des neuen Konferenzzentrums sollte auch darin bestehen, dass es auf dem Gelände des vor 15 Jahren verlassenen italienischen Marinestützpunktes entstand. Deswegen mussten vor dem eigentlichen Baubeginn 16 Hektar Bodenfläche von Öl, Asbest und Schwermetallen gesäubert werden. Das bedeutete den Abtransport von 62 000 Tonnen Erde, Abfall und Schutt innerhalb von sechs Wochen, mit 2000 Lastwagen und drei Schiffen. Von Juli 2008 an waren insgesamt 1600 Arbeiter auf dem Bau beschäftigt, in drei Schichten rund um die Uhr.

Nach aller Mühe muss nun der Architekt alleine im Saal des „Palazzo della Main Conference" posieren, in dem sonst der neue amerikanische Präsident Barack Obama beim Blick aufs Meer gefilmt worden wäre. Inspiriert vom Bild der Staatschefs auf dem Riesenstrandstuhl beim deutschen G-8-Gipfel in Heiligendamm, hatte Boeri sogar eine Szenerie für ein neues Gruppenbild eingebaut, einen breiten, allseits gläsernen Lastenaufzug, in dem die Staatschefs nebeneinander vor der eindrucksvollen Meereskulisse posieren sollten, um dann nach oben in ihren Konferenzraum zu entschweben.

Genutzt von niemandem: *Architekt Stefano Boeri sitzt an der Stelle Probe, an der der amerikanische Präsident Barack Obama hätte sitzen sollen (Mitte rechts). Die Stadt (unten) wartet jetzt auf die Touristen, die den Ausfall der Konferenzgelder ausgleichen sollen. Den Handwerkern (oben) ist es egal, ob die Regierungschefs kommen. Ihre Rechnungen bezahlt der Staat.*

„Ich hoffe, dass die neuen Gebäude dennoch genutzt werden", sagt der Architekt zum Abschied. Dafür soll künftig Emma Marcegaglia sorgen, Spross einer Stahlunternehmerfamilie aus Mantua und derzeit Vorsitzende des italienischen Unternehmerverbandes. Ihre Unternehmensgruppe hatte als einzige ein Gebot für den Betrieb von Hotel, Konferenzzentrum und Yachthafen abgegeben, für eine Pacht von 41 Millionen Euro in 30 Jahren. Nun hat sie wegen der entgangenen Werbung durch den Gipfel ihren Pachtvertrag um zehn Jahre verlängert bekommen, schimpft aber dennoch öffentlich über den Schaden. Zugleich drohen nach dem Bau in Rekordzeit nun jahrelange Verzögerungen durch Gerichtsverfahren rund um die Ausschreibung. Zwei sardische Unternehmer, die zunächst nach erstem Interesse doch kein Angebot abgegeben haben, wollen über langwierige Prozesse das ursprüngliche Bieterverfahren annullieren lassen und danach doch noch zum Zuge kommen.

Gegenüber diesem althergebrachten Trott der italienischen Bürokratie hatten die Organisatoren des G-8-Gipfels ein ganz anderes Tempo an Veränderungen vorgelegt. Als Wunderwaffe der Regierung diente der nationale Katastrophenschutz mit seinem Chef Guido Bertolaso, der immer in den größten Notlagen gerufen wird, sei es das Begräbnis eines Papstes mit Millionen von Besuchern, der Müll in Neapel oder zuletzt das Erdbeben in L'Aquila. Bertolaso, ausgestattet mit Sondervollmachten, ging auch auf La Maddalena mit strategischer Weitsicht und fast militärischer Organisation vor, vergaß aber dennoch nicht das Prinzip transparenter Ausschreibungen, mit dem er sich bisher vor Skandalen schützte.

Eine neue Kläranlage gab es gleich mit

Italiens Mann für die scheinbar unmöglichen Aufgaben sorgte in den wenigen Monaten auf der Insel noch ganz nebenbei für die Lösung lange aufgeschobener Probleme und für Einrichtungen, die eine italienische Kleinstadt jahrelang beschäftigen würden: Die verlotterte Kläranlage von La Maddalena wurde instand gesetzt. Die zwei kilometerlangen Frischwasserleitungen aus Sardinien und ein Pumpwerk wurden erneuert. Das militärische und das zivile Krankenhaus wurden erweitert und auf den neuesten Stand gebracht, ein früheres Militärkrankenhaus zum Fünf-Sterne-Hotel umgebaut. Um das Personal für die Baustellen unterzubringen, wurde zuvor schon eine andere alte Kaserne umgekrempelt und mit Neubauten versehen, die nun ebenfalls ein Hotel werden könnten. Für die Verbindung zur Nachbarinsel Caprera wurde schließlich eine mehr als 300 Meter lange Brücke neu errichtet.

Doch der große Zauberer wurde schließlich mitten in der Nacht wegen des Erdbebens nach L'Aquila in den Abruzzen gerufen. La Maddalena ist nun schneller als gedacht auf sich allein gestellt. Statt eines neuen Starts droht Stillstand. Die neue Ära des Tourismus lässt erst einmal auf sich warten.

Der redegewandte junge Tourismusassessor im Magistrat der Stadt, Gian Vincenzo Belli, mit modischer Sonnenbrille und Bermudahosen, ist dabei um ein leuchtendes Ziel nicht verlegen: „La Maddalena wird das Capri von Sardinien sein", sagt der Vierzigjährige. Auf dem praktischen Weg in diese Richtung ist er allerdings noch nicht sehr weit vorangekommen. Das Touristeninformationsbüro ist ausgerechnet am Samstag, wenn Besucher die Stadt füllen, den ganzen Tag geschlossen, am Sonntag sowieso und auch an weiteren drei Nachmittagen in der Woche. Und warum ist der Büroleiter, der „Dirigente", auch telefonisch irgendwie nie zu erreichen? Dagegen könne man wohl nichts machen, meint der oberste Politiker für Tourismus in La Maddalena ganz selbstverständlich und ahnt gar nicht, wie sehr er damit seine leere Rhetorik entlarvt.

„Hier auf La Maddalena sind wir eben bisher ein Volk von Gehaltsempfängern gewesen", sagt einer von Bellis Mitbürgern beschwichtigend. Tatsächlich üben an schönen Sommertagen die traumhaften Strände der Insel für ganze Nachmittage eine unwiderstehliche Anziehungskraft aus. Erst später, wenn die einen mit dem Sonnenbad fertig sind, die anderen mit der Siesta, belebt sich die Innenstadt wieder. In den Straßencafés bleibt dann Zeit für Verschwörungstheorien und Klagen über die Verluste durch den verlorenen Gipfel. Die früheren Stammgäste seien wegen des Gipfels in diesem Jahr nicht gekommen, nun stünden die Appartements und die wenigen Hotels leer, sagt Claudio Ronchi, Chefredakteur des lokalen Wochenblättchens „Il Vento". Die versprochenen Verschönerungsarbeiten in der Stadt ließen noch auf sich warten. „Wir haben nicht nur Werbeeffekte von unschätzbarem Wert verloren, sondern sind auch noch in der Historie geschädigt", sagt Ronchi. Der Umstand, dass der italienische Freiheitskämpfer Giuseppe Garibaldi viele Jahre auf der Nachbarinsel Caprera gelebt hat, bringe schließlich immer noch Gäste.

„Den Schaden hat nicht nur La Maddalena, sondern ganz Sardinien", sagt der neue Tourismusminister der Insel, Sebastiano Sannitu. Nicht alle Welt wisse schließlich, wo Sardinien liege. Doch aus seiner Sicht liegen die größten Probleme ganz woanders: „Wir brauchen hier und in anderen Teilen der Insel noch eine Kulturrevolution in den Köpfen für eine Zukunft in Tourismus", sagt Sannitu. „Schließlich kann nicht alles von außen kommen."

Die Region braucht eine Tourismusstrategie

Tatsächlich sind die Sarden von ihren Gewohnheiten her nicht gerade für den Tourismus prädestiniert. Die Geschichte mit immer neuen Eroberern von den Phöniziern bis zu den Spaniern hat sie eher reserviert und zu Einzelgängern werden lassen; wegen jahrhundertelanger Erfahrungen mit Sarazenenüberfällen haben viele die Küsten aufgegeben und sich ins Landesinnere zurückgezogen. Allerdings hat sich in den vergangenen Jahrzehnten ebenso herausgestellt, dass hinter der unnahbaren Fassade große Gastfreundschaft steckt und dass die Sarden mit Hilfe des ausländischen Investors Karim Aga Khan eines von Europas exklusivsten Touristenzielen schaffen konnten. „Wir haben allerdings 40 Jahre gebraucht, um so weit zu kommen", sagt Renzo Persico, Präsident des Konsortiums Costa Smeralda. La Maddalena werde erst einmal fünf bis sechs Jahre für seinen Start als Touristenziel brauchen, könne sich dann aber als ideale Ergänzung erweisen. Schließlich sind die Inseln und Naturschutzgebiete von La Maddalena schon heute beliebte Ausflugsziele für die Milliardärsyachten der Costa Smeralda.

Der etwas rauhbeinige und dennoch herzliche Bürgermeister muss nun entdecken, dass seine Stadt La Maddalena trotz idealer Voraussetzungen auf dem Weg zum begehrten Touristenziel auf halbem Weg steckenzubleiben droht. Das zunächst einmal leere Konferenzzentrum, umgeben von Kläranlage, Kaserne und Sozialsiedlung, kann nicht allein die Zukunft garantieren, selbst wenn es von einer strategisch denkenden Unternehmerin vom Festland übernommen wird. Aus Verzweiflung hat der Bürgermeister schon einmal verlangt, in dem Saal, wo Obama aufs Meer hätte schauen sollen, eine Spielbank einrichten zu dürfen. „Wir hatten bisher keine touristische Mentalität, sondern lebten von der Staatswirtschaft. Deshalb brauchen wir weiter Hilfe und einen Strategieplan von der Region."

Dennoch kann Bürgermeister Comiti in den vergeblichen Vorbereitungen für den Gipfel ein kleines Wunder entdecken. Die Aussicht auf den G-8-Gipfel habe den Unternehmergeist der jungen „Maddalenini" geweckt und ihren Sinn für gemeinsame Interessenvertretung. „Wir müssen jetzt den Willen entwickeln, unser Schicksal in die eigene Hand zu nehmen. Schließlich haben es die ‚Maddalenini' in der Vergangenheit sogar geschafft, den jungen Napoleon mit französischen Angreifern wieder zu verjagen", fordert der Bürgermeister.

una sbalorditiva prospettiva sul mare che l'architettura di Boeri sfrutta in tutto il suo splendore.
Amalgamando nuove architetture con spazi e uri preesistenti, il progetto di Boeri utilizza il rire militare degli antichi edifici dell'Arsenale r sostenere la vacillante democrazia del tempo esente. Il progetto comprende un albergo — n la suite destinata a Obama che offre inquietan- reminescenze dell'ultimo balcone di Martin Luer King — spazi per la ristorazione, un centro r le riunioni dei delegati chirurgicamente inseri- tra le arcate preesistenti e infine un centro conessi: un diamante appoggiato a terra che sostie- una grande struttura a sbalzo che si protende ll'acqua in direzione della Sardegna.
Poiché allo stesso tempo è nel mare e del mare, scatola sospesa di Boeri è pervasa da una luce asi materiale e tangibile, che avrebbe nello stes- tempo illuminato e scannerizzato l'assemblea dei leader del G8.

L'autore

Stefano Boe (Milano 1956 è architetto e urbanista. Tra i suoi progetti: La Villa a Marsiglia e la sede della Siemen a Milano. Dal 2007 è direttore di «Abitare»

ella «Casa ldalena. nterno el mondo

L'edificio principale del complesso, dedicato al summit del G8, è in realtà il più piccolo dell'insediamento e ospita una grande sala conferenze sospesa sul Mediterraneo. La si raggiunge salendo un'elegante scala arricchita da un'immagine fotografica del mondo che, in tutta la sua verde bellezza, sembra più un ambiguo promemoria per ricordare ai leader il cumulo di abusi che hanno riversato sulla terra, piuttosto che un'ottimistica affermazione circa le loro possibilità di risolverne i problemi.
L'unico dispositivo realente retorico di Boeri è un gigantesco ascensore vetro che avrebbe permesso ai leader di salire ti insieme dal livello dell'acqua alla sala destina- al summit.
Lavorando a velocità infernali e con il controllo nitato sul cantiere consentito da un progetto hiavi in mano», il G8 di Boeri è importante tanper ciò che ottiene (uno spazio sobrio e lumino- privo di nostalgie) quanto per ciò che evita oè di celebrare gli orpelli del potere in un'era e nel potere è incapace di credere). Realizzato n un lessico molto efficace di alluminio, mar- , e vetro nero, avvolto in uno schermo di esago- di vetro , rappresenta il ritorno, sorprendenteente fresco, della modernità italiana.
La breve, ma drammatica storia di questo proto — realizzato in 10 mesi e poi abbandonato favore della discutibile attrattiva di una zona diarata disastrata — può essere capita solo se in-

i si convince: vertice confermato, via ai lav

2009 si farà alla ata prevista, agli no (trovati 1 200 o all'appello) e i maggio. Se in levato più di un vertice degli otto grandi del mondo, ieri tutte le riserve sono state spazzate via dopo il sopralluogo del presidente del Consiglio Silvio Berlusconi, insieme con il presidente della Regione Renato Soru e il commissario per il G8, Guido Bertolaso. Il premier ha chiesto se le opere possono davvero essere realizzate in un anno, rassicurato da Bertolaso: «Presidente se lei ci dà il ce la facciamo a fare tutto». I proget ciuti moltissimo a Berlusconi, il qua to la bellezza della Maddalena e si a favore dell'organizzazione nell'ar un altro grande evento, la Coppa Am
● PIGA

gressi: un diamante appoggiato a terra che sostiene una grande struttura a sbalzo che si protende nell'acqua in direzione della Sardegna.
Poiché allo stesso tempo è nel mare e del mare, la scatola sospesa di Boeri è pervasa da una luce quasi materiale e tangibile, che avrebbe nello stesso tempo illuminato e scannerizzato l'assemblea dei leader del G8.
L'edificio principale del complesso, dedicato al sum-

(Milano 1 è archite e urbanis Tra i suoi progetti: La Villa a Marsig e la sede della Sie a Milano

Il G8 alla Maddalena, avanti tutta

BIOGRAFIE BIOGRAPHIES

GUIDO BERTOLASO

Guido Bertolaso, Roma, 1950. Sottosegretario di Stato alla Presidenza del Consiglio dei Ministri per l'emergenza rifiuti in Campania e Capo del Dipartimento della Protezione Civile. Commissario delegato alle attività connesse alla Presidenza Italiana del G8 2009 e, dal 6 Aprile, Commissario delegato per la gestione dell'emergenza in Abruzzo. Laureato in medicina alla "Sapienza" di Roma, e Master in Public Health alla "School of Tropical Medicine" di Liverpool. Tra l'82 e il '90 è stato coordinatore di progetti sanitari, di emergenza e assistenza umanitaria nei Paesi in via di sviluppo per la Direzione Generale Cooperazione allo sviluppo del Ministero per gli Affari Esteri. Nel 1993 è capo di Gabinetto del Ministero degli Affari Sociali per poi diventare Vice Direttore esecutivo dell'Unicef a New York dal 1994 al 1996. Nel gennaio del 1998 è Vice Commissario vicario per il Grande Giubileo del 2000, con delega per tutte le attività operative connesse all'organizzazione dell'evento. Dal 1998 al 2001 dirige l'Ufficio Nazionale per il servizio civile dove organizza il servizio civile volontario. Dal 7 settembre 2001 è Capo del Dipartimento della Protezione Civile Nazionale.

Guido Bertolaso, Rome, 1950. State Undersecretary for the Campania refuse emergency and Head of the Department for Civil Protection. Commissioner Delegate for the G8 2009 Summit and, since April 6th 2009 Commissioner Delegate of the Abruzzo earthquake emergency. Graduated in Medicine at the "Sapienza" in Rome and MSc. in Public Health at the "School of Tropical Medicine" of Liverpool. Between 1982 and 1990 he was Coordinator of Sanitation projects, Emergency and Humanitarian Assistance for Underdeveloped Countries for the General Direction for Cooperation of the Italian Ministry for Foreign Affairs. In 1993 he was named Head of the Cabinet of the Ministry for Social Affairs to then became Vice Director for Unicef, New York from 1994-1996. In January of 1998 he was named Vice Commissioner for the Jubilee of 2000 and delegated responsible for all of the operational activities connected to the organization of the event. From 1998 to 2001 he directed the National office for Civil Service where he organized the voluntary civil service. From September 7th 2001 he is Head of the Department for Civil Protection.

STEFANO BOERI

Stefano Boeri, nato nel 1956, è architetto a Milano. Dal 2004 al 2007 è stato direttore della rivista internazionale Domus passando nel settembre 2007 alla direzione della rivista internazionale di architettura Abitare (http://abitare.it/). Insegna al Politecnico di Milano come Professore del corso di Urban Design ed è stato visiting professor per Harvard GSD, MIT e il Berlage Institute. È fondatore della rete di ricerca internazionale "Multiplicity" (http://www.multiplicity.it) che si occupa delle trasformazioni territoriali e delle forme, disciplinarmente diverse, di osservazione e rappresentazione della città. Coautore di diversi volumi, quali Mutations (Actar, 2000), USE (Skirà, 2002) e Cronache del Abitare (Mondadori, 2007), Boeri è assiduo contributore su molteplici riviste e giornali. Boeri è parte della Consulta Architettonica per l'Expo 2015, incaricata di sviluppare le linee guida del masterplan per il grande evento. Lo studio Stefano Boeri Architetti è impegnato nella ricerca e nell'esercizio di architettura e urbanistica contemporanea.

Stefano Boeri, 1956, is a Milan-based architect. Since September 2007, Boeri is editor-in-chief of the international magazine Abitare (http://abitare.it/), from 2004 to 2007 he was editor-in-chief of Domus magazine. He is professor of Urban Design at the Milan Polytechnic, and has taught as visiting professor at Harvard GSD, MIT and the Berlage Institute among others. He is founder of "Multiplicity" (http://www.multiplicity.it), an international research network focused on territorial transformations and the forms in which different disciplines observe and represent the contemporary city. Co-author of different volumes such as Mutations (Actar, 2000), USE (Skirà, 2002), Cronache del Abitare (Mondadori, 2007) Boeri is also a regular contributor to different magazines and newspapers. His studio, Stefano Boeri Architetti, is committed to the research and practice of contemporary architecture and urbanism. Boeri has recently been appointed to the 2015 Milan Expo urban consultancy in charge of developing the guidelines for the urban transformations to be implemented within the frame of the international event.

www.stefanoboeri.net

MICHELE BRUNELLO

Michele Brunello, 1975, architetto. Vive tra Venezia e Milano. È dottorando in Urbanistica presso l'Università IUAV di Venezia, dove collabora alla didattica, oltre ad aver tenuto seminari e conferenze in diverse Università europee (HfG Karlsruhe, TU Delft, TU Graz, KAM Creete). Ha ricevuto premi e menzioni per i diversi lavori sviluppati su Venezia e il sistema lagunare come metafora della città mediterranea. È fondatore del collettivo artistico attualAmente e di Studioplano. Attualmente collabora con Stefano Boeri Architetti con cui, dopo aver coordinato i progetti a La Maddalena, sta lavorando al progetto per il Masterplan di Expo Milano 2015.

Michele Brunello, 1975, architect, lives between Milan and Venice where he is coursing his Ph.D. at the IUAV university and collaborating as associate professor. He has held several lectures in different European universities (HfG Karlsruhe, TU Delft, TU Graz, KAM Creete) and obtained many rewards and recognitions for the work he has developed regarding the Venice lagoon system as a metaphor of the Mediterranean city. Founder of the artistic collectives "attualAmente" and "Studioplano". After having coordinated the project in La Maddalena, he is now collaborating with Stefano Boeri Architetti for the Milan 2015 Expo Masterplan.

BARBARA CADEDDU

Barbara Cadeddu, Cagliari 1974, dottore di ricerca in Ingegneria Edile, è docente a contratto all'interno del Laboratorio Integrato di Progetto e Società presso la Facoltà di Architettura dell'Università di Cagliari. È coordinatrice scientifica di FESTARCH, I Festival Internazionale di Architettura di Cagliari, diretto dall'architetto Stefano Boeri, con cui ha recentemente collaborato come Responsabile di Progetto degli interventi extra Arsenale nell'ambito del Grande Evento G8 2009 a La Maddalena.

Barbara Cadeddu, Cagliari 1974, DPhil in Construction Engineering and Professor of the Integrated Laboratory of Project and Society at the College of Architecture in Cagliari. She is scientific coordinator of FESTARCH, the international architectural festival held in Cagliari, directed by Stefano Boeri with whom she has recently worked as a project manager for the extra-site interventions at La Maddalena.

ANGELO COMITI

Angelo Comiti, 1954, ex artigiano pellettiere, cuoco. Ha cominciato la sua attività politica nel 1985. Eletto Sindaco di La Maddalena per la prima volta nel 1990, si è dimesso dopo due mesi. Dal 2005 è nuovamente alla guida del paese. Insieme all'ex Presidente della Regione Sardegna Renato Soru ha sostenuto la battaglia per il processo di liberazione dell'Isola dalla condizione di servitù militare, che ha portato alla chiusura della base americana di Santo Stefano e alla scelta di La Maddalena come sede del Summit G8-2009.

Angelo Comiti, 1954, ex leather craftsman and cook, started his political activity in 1985. In 1990 he was first elected mayor in La Maddalena but resigned after two months. From 2005 he is once again at the head of the town. Together with the ex governor of Sardinia, Renato Soru, he supported the battles to free the island from its military right-of-way status, a struggle that lead, on one hand, to the closing of the Santo Stefano American military base and, on the other, to the choice of La Maddalena as the location for the G8 Summit 2009.

FRANCISCA INSULZA

Francisca Insulza, architetto, MArch. e Dottore di ricerca in Storia dell'Architettura vive e lavora a Milano. Membro fondatore del collettivo di ricerca Multiplicity, ha partecipato a progetti quali "USE" e "Solid Sea", é inoltre coautrice di "USE-Uncertain States of Europe" (Skira, Milano 2003). Ha collaborato in diverse occasioni con riviste di architettura tra altre Spam Arq, Materia, Domus e A+U. Dal 2002 al 2006 ha lavorato e insegnato a

Santiago del Cile dove ricopriva il ruolo di professore di Progettazione Architettonica and Urbanismo Avanzato presso l'Universidad Catolica e l'Universidad Diego Portales. Il suo lavoro è stato recentemente esposto all' iMage di Firenze (2006), al Film+Arc di Graz (2006), al Museo de Arte Contemporaneo di Santiago del Cile (2007) e alle Biennale di Shenzen (2007 e 2009). Dal 2006 é direttore dello studio Stefano Boeri Architetti.
Francisca Insulza, architect, MArch., Ph.D. in Architectural History, lives and works in Milan. Founding member of the research collective Multiplicity, she is co-author of projects such as 'USE' and 'Solid Sea' and the volume 'USE-Uncertain Sates of Europe' (Skira, Milan 2003). She has contributed on different occasions to Spam Arq, Materia, Domus and A+U among others. From 2002-2006 she worked and taught in Santiago, Chile where she was professor of Architectural Design and Advanced Urbanism at the Universidad Catolica and Universidad Diego Portales. Her work has been shown at iMAGE, Florence (2006); Film+Arc, Graz (2006); Museo de Arte Contemporaneo, Santiago (2007); and the Shenzen Biennial (2007 and 2009). Since 2006 she works as studio director at Stefano Boeri Architetti.

REM KOOLHAAS

Rem Koolhaas, laureato alla Architecture Association School a Londra, fonda nel 1975, insieme a Elia e Zoe Zenghelis e Madelon Vriesendorp lo studio OMA (Office for Metropolitan Architecture). Nel 1978 pubblica "Delirious New York", da lui stesso definito un "manifesto retroattivo per Manhattan". Nel 1995 la pubblicazione di S,M,L,XL, raccoglie i lavori di OMA, e stabilisce un ponte di connessione tra la società contemporanea e l'architettura. Rem Koolhaas è oggi a capo anche di AMO, il ramo concettuale dello studio OMA, incentrato sulla ricerca sociale, economica e tecnologica in campi di sviluppo che vanno oltre l'attività architettonica e urbana. Professore presso la Harvard University dove insegna "Project on the City".
Rem Koolhaas founded the Office for Metropolitan Architecture in 1975 together with Elia and Zoe Zenghelis and Madelon Vriesendorp. He graduated at the Architectural Association in London and in 1978 published Delirious New York, a Retroactive Manifesto for Manhattan. In 1995, his book S,M,L,XL summarized the work of OMA and established connections between contemporary society and architecture. He heads the work of both OMA and AMO, the conceptual branch of OMA focused on social, economical and technological developments and exploring territories beyond architectural and urban concerns. Rem Koolhaas is a professor at Harvard University where he conducts the Project on the City.

DOMENICO LOMBARDO

Mola di Bari 1972, laureato in architettura presso l'università "La Sapienza" di Roma, abilitato alla professione, si é sempre interessato di progettazione architettonica e dei temi connessi alla Tecnologia dell'Architettura Contemporanea. Dal 2001 svolge attività di progettazione e consulenza per la realizzazione di OO.PP.
Domenico Lombardo, Mola di Bari 1972, graduated in architecture at the University La Sapienza in Rome. He has always been interested in architectural practice and contemporary architectural technology. In 2001 he started the design and consultancy activity for the realization of Public Works.

DAVOR POPOVIĆ

architetto, nato a Šibenik, Croazia, nel 1966. Dal 1991 vive e lavora in Italia dove svolge attività di progettazione architettonica. Ha collaborato a progetti internazionali, anche a grande scala, con partner italiani e stranieri.
Davor Popović, architect, born in Šibenik, Croazia in 1966. From 1991 he lives and works in Italy where he is dedicated to architectural practice. He has collaborated in numerous international projects, many in large scale, with both Italian and internationally based partners.

RENATO SORU

Renato Soru, Sanluri 1957, è un imprenditore e politico italiano: fondatore di Tiscali , editore del quotidiano l'Unità da Maggio 2008 e Presidente della Regione Autonoma della Sardegna dal giugno 2004 al dicembre 2008. Attualmente è tornato alla carica di amministratore delegato di Tiscali. Fa parte della direzione nazionale del Pd ed e animatore dell'associazione Sardegna Democratica.
Renato Soru, Salnuri 1957, is an Italian businessman and politician. Founder of the telecommunication company Tiscali in 1998, editor of the Italian newspaper l'Unità since May 2008 and governor of the Sardinia region from 2004 to 2008. Today, managing director of Tiscali, he is also part of the national direction of the Italian Democratic Party and promoter of the association Sardegna Democratica.

STEFANO BOERI ARCHITETTI

Stefano Boeri Architetti, è impegnato nella ricerca e nell'esercizio di architettura e urbanistica contemporanea. Tra i progetti attualmente in corso si trovano l'edificio multifunzionale della Regione PACA lungo il waterfront di Marsiglia (La Villa) e di due torri residenziali ecocompatibili a Milano (il Bosco Verticale), per entrambi dei quali é previsto l'avvio dei cantieri a inizio 2010. Lo studio lavora anche ad un progetto a grande scala per il rinnovamento del Policlinico di Milano, uno dei poli ospedalieri più importanti della città, ad un nuovo modello di social housing, alla progettazione degli spazi dedicati alla nuova compagnia ferroviaria privata italiana NTV nonché al nuovo masterplan per un'area centrale a Lodi. I progetti e i lavori di SBA sono stati pubblicati su diverse riviste internazionali di architettura (2G, Mark Magazine, Icon , A+U, Domus, Lotus International) ed esposti sia in Italia che all'estero.
Stefano Boeri Architetti, is a professional studio committed to the research and practice of contemporary architecture and urbanism. Current projects include the design for a multifunctional building for the PACA Region on the Marseilles Waterfront (La Villa) and two eco compatible residential towers (il Bosco Verticale) in Milan both scheduled to begin construction at the beginning of 2010; the project for the Milan Policlinic, a large scale renovation of one of the city's most prominent medical centers; research on new prototypes for social housing; and the design the spaces for the new Italian private train transport company, NTV and the Master plan for a central area in Lodi . SBA's projects have been published in various international magazines (2G, Mark Magazine, Icon, A+U, Domus, Lotus International) and exhibited both in Italy and abroad.
www.stefanoboeriarchitetti.net

FOTOGRAFIE DI
PHOTOGRAPHS BY

IWAN BAAN

Iwan Baan è fotografo documetarista e architettonico. I suoi lavori sono regolarmente presenti sulle riviste internazionali di architettura, quali Abitare, Domus, A+U, nonché su giornali come il New Yorker o il NY Times. Tra le esposizioni personali troviamo attualmente Recent Works - Contemporary Architectural Photographs alla Architectural Association di Londra e Building China Five Projects, Five Stories all' AIA New York Chapter.
Iwan Baan is a documentary and architecture photographer whose work can be regularly found in architectural journals like Abitare, Domus, A+U or Mark and magazines like the New Yorker or NY Times. Personal exhibitions include Recent Works - Contemporary Architectural Photographs at the Architectural Association - London and Building China Five Projects, Five Stories at the The AIA New York Chapter.
www.iwan.com

STEFANO GRAZIANI

Stefano Graziani, fotografo, insegna presso l'università di Trieste. Ha esposto i suoi lavori in Italia e all'estero, tra cui le sue pubblicazioni, Taxonomies, a+m bookstore, Milano, 2006, L'isola, Under the Volcano and Other Stories, Mazzoli editore Modena, 2009. Il suo lavoro è rappresentato dalla Galleria Mazzoli.
Stefano Graziani, photographer, teaches at the University of Trieste. He has exhibited his work in Italy and abroad, and published, among others, Taxonomies (a+m bookstore, Milano, 2006), L'isola, Under the Volcano and Other Stories (Mazzoli editore Modena, 2009). His work is represented by Galleria Mazzoli.
www.stefanograziani.com

ARMIN LINKE

Un artista che lavora con e attraverso la fotografia, combinando diversi mezzi per offuscare i confini tra finzione e realtà. Lavorando su un archivio in progressione di attività umane e di paesaggi naturali o artefatti, il lavoro multimediale di Linke sul paesaggio alpino contemporaneo è stato premiato alla nona Biennale di architettura di Venezia. Professore alla HfG/ZKM di Karlsruhe, allo IUAV di Venezia e ricercatore in Visual Arts Program al MIT di Cambridge.
An artist working with photography,

combining different mediums to blur the border between fiction and reality. Working on an ongoing archive on human activity and the most varied natural and man-made landscapes, Linke's multimedia installation on the contemporary Alpine landscape was awarded at the 9th Architecture Venice Biennale. Professor at the HfG/ZKM Karlsruhe, IUAV Arts and Design University, Venice and Research Affiliate at MIT Visual Arts Program Cambridge.

www.arminlinke.com

ANTONIO OTTOMANELLI

Antonio Ottomanelli, Bari 1981, studia Architettura a Milano e Lisbona, si laurea nel 2006. È cultore della materia al dipartimento di progettazione dell'architettura del Politecnico di Milano. Nel 2008 fonda CantieriMinori, un collettivo di ricerca che unisce all'attività di indagine in ambito architettonico, l'interesse verso la rappresentazione del territorio urbano. Ha recentemente realizzato rapporti fotografici su: Demolizioni Area Ex Montedison Milano, Nuova linea della Metropolitana Milanese, L'Aquila e i centri minori. È inoltre fotografo per alcune compagnie di teatro e performing art. Attualmente è impegnato alla produzione di un'antologia fotografica sulle opere dell'architetto genovese Luigi Carlo Daneri, e alla realizzazione di un rapporto fotografico sui lavori di recupero dell'istituto Marchiondi Spagliardi dell'architetto Vittoriano Viganò.

Antonio Ottomanelli, Bari 1981, studies Architecture in Milan and Lisbon and graduates in 2006. Adjunct Professor at the Architecture Planning Department of the Milan Politechnic. In 2008 he founds CantieriMinori, a research collective that unites architectural investigation and an interest towards the representation of the urban territory. He has recently realized photographic reports on: the Demolitions Area Ex Montedison Milano, the New line of the Milan Subway, L'Aquila and the smaller villages. He is also photographer for theatre and performing art companies. He is currently working on the production of a photographic anthology of the work of Genovese architect Luigi Carlo Daneri, and on a photographic report about the redevelopment and recovery of the institute Marchiondi Spagliardi , architect Vittoriano Viganò.

www.antoniottomanelli.com

PAOLO ROSSELLI

Paolo Rosselli, Milano 1952, inizia a interessarsi di fotografia durante gli studi di architettura. Ha pubblicato una decina di monografie di architettura e altrettanti lavori che interpretano la scena della città. Svariate mostre in Italia e all'estero hanno riguardato il suo lavoro. Vive e lavora a Milano.

Paolo Rosselli, was born in Milan in 1952. His interest in photography dates from architectural studies. He has published more than a dozen monographic volumes and collections of documents which interpret the city landscape.

His work has been exposed in and out of Italy. Paolo Rosselli lives and works in Milan.

www.paolorosselli.com

GIOVANNA SILVA

Giovanna Silva vive e lavora a Milano. Ha lavorato come fotografa per il libro 'Cronache dell'abitare' a cura del collettivo Muliplicity. Il lavoro sulla città di Bogotà, commissionato in occasione della Biennale di Venezia 2006 come documentazione dello stato di fatto della città, è stato successivamente esposto alla Tate Modern di Londra. Dal 2005 al 2007 ha collaborato con la rivista Domus, mentre dal settembre 2007 è photoeditor della rivista Abitare. Ha appena pubblicato il libro 'Desertions', cronaca del suo viaggio nel deserto americano con il designer Enzo Mari.

Giovanna Silva lives an works in Milan. She worked as a photographer for the book "Cronache dell'Abitare" edited by the research collective Multiplicity. Her Work on the city of Bogotà, requested by the 2006 Venice Biennial as a documentation of the actual city conditions, has been subsequently exposed at the Tate Modern in London. From 2005 she collaborated with Domus till 2007 when she became photo editor for the magazine Abitare. She has recently released the book "Desertions", chronicles of her journey in the American desert with the Italian designer Enzo Mari.

www.giovannasilva.com

CREDITI FOTOGRAFICI
PHOTO CREDITS

p.8 Protezione Civile, *Ex Arsenale La Maddalena prima dei lavori / Ex Arsenale La Maddalena before intervention*

p.9 Iwan Baan, *Ex Arsenale La Maddalena dopo i lavori / Ex Arsenale La Maddalena after intervention*

p.10-11 Iwan Baan, *Vista di insieme dell'Arsenale / Overview of the Arsenale*

p. 15 Iwan Baan, *Casa del Mare / House of the Sea*

p. 18-19 Protezione Civile, *Insediamenti militari e fortificazioni dell'Arcipelago / Military settelements and fortifications on the Archipelago*

p.20-21 Paolo Rosselli, *Casa al Mare, La Maddalena 1967, progetto di Cini Boeri / House at the Sea. La Maddalena 1967, project by Cini Boeri*

p.22 sinistra/left Marco Giorgio, *Casa del Mare, vista generale / House of the Sea, general view*

p.22 destra/right Iwan Baan, *Casa del Mare, interno / House of the Sea, interior*

p.23 left Armin Linke, *Casa del Mare, sbalzo / House of the Sea, canteleνer*

p.23 right Iwan Baan, *Casa del Mare, scala / House of the Sea, main staircase*

p. 24-25. Paolo Rosselli, *Casa del Mare / House of the Sea*

p. 26-27 Paolo Rosselli, *Casa del Mare / House of the Sea*

p. 28-29 Paolo Rosselli, *Casa del Mare / House of the Sea*

p. 30-31 Paolo Rosselli, *Casa del Mare, scala durante inaugurazione / House of the Sea, main staircase during inauguration*

p. 34-35 Iwan Baan, *Casa del Mare / House of the Sea*

p. 36-37 Iwan Baan, *Vista panoramica dell' ex Arsenale a La Maddalena / Panoramic view of the ex Arsenale at La Madalena*

p.38-39 Paolo Rosselli, *Vista panoramica dell' ex Arsenale a La Maddalena / Panoramic view of the ex Arsenale at La Madalena*

p. 40-41 Paolo Rosselli, *Padiglione del Mare / Sea Pavilion*

p. 46-47 Paolo Rosselli, *Interno della Residenza dell'Arsenale / Arsenale Residence Interior*

p. 48-49 Paolo Rosselli, *Residenza dell'Arsenale / Arsenale Residence*

p. 50-51 Iwan Baan, *Vista di insieme dell'Arsenale / Overview of the Arsenale*

p. 66-67 Paolo Rosselli, *Casa del Mare e Padiglione del Mare / House of the Sea and Sea Pavilion*

p. 68-75 Stefano Boeri Architetti, *Rendering di sviluppo del progetto / Project development renderings*

p. 80-105 Stefano Boeri Architetti e/and Enzo Vella, *Foto di cantiere / Construction photographs.*

p.190-195 Immagini di archivio dell'Arsenale di La Maddalena per gentile concessione di Michele Serra / Images from the La Maddalena Arsenale Archive courtesy of Michele Serra

Riproduzione delle cartoline storiche di La Maddalena per gentile concessione di Francesco Del Monaco / Reproduction of historical postcards from La Maddalena courtesy of Francesco Del Monaco.

Immagine intervistati tratte dal video "La Maddalena e il suo Arsenale", realizzato da Francesca Cogni e Donatello De Mattia e prodotto da Stefano Boeri Architetti Images / Interview images entracte from "La Maddalena e il suo Arsenale", a film by Francesca Cogni and Donatello De Mattia produced by Stefano Boeri Architetti.

p. 224 Paolo Rosselli, *Stefano Boeri Architetti*

Le foto all'interno delle sezioni dei singoli fotografi sono proprietà degli autori stessi / The images within each photographer's section are property of the author.

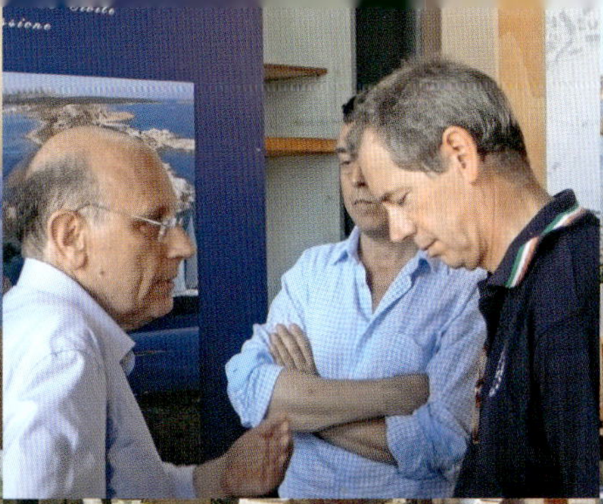

MEXICO

CC

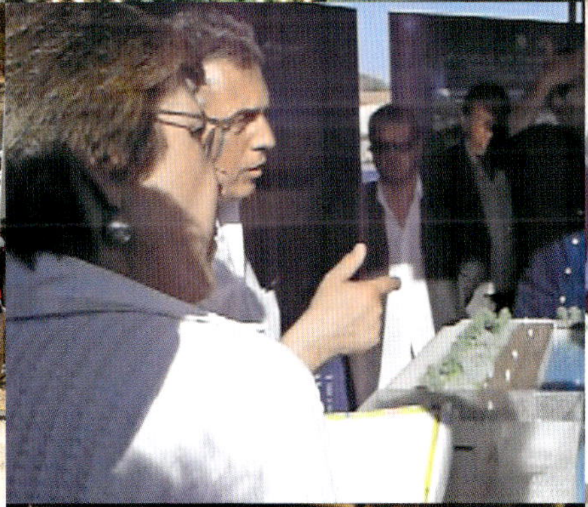

LA NUOVA

POSTE E
TELECOMUNICAZIONI

Presidenza del Consiglio dei Ministri /
The Presidency of the Council of Ministers

D.P.C. DIPARTIMENTO DELLA PROTEZIONE CIVILE / DEPARTMENT OF CIVIL PROTECTION

Guido Bertolaso (commissario delegato), **Beatrice Guerra** (responsabile organizzativa), **Paolo Scateni** (responsabile segreteria di coordinamento), **Riccardo Ammoscato** (responsabile logistica), **Gianni Strazzullo** (responsabile informatica e tlc), **Stefano Forina** (responsabile infrastrutture), **Paolo Molinari** (responsabile accrediti), **Luciano Massetti** (responsabile attività aeronautiche), **Luigi Sansone** (responsabile mobilità), **Michele Castaldo** (attività marittime), **Luca Spoletini** (responsabile stampa), **Barbara Altomonte** (responsabile comunicazione), **Salvatore Squarcione** (responsabilità sanità), **Antonio Giannella** (responsabile sicurezza)
Con / With:
Emilia Aloise, Marco Agnoloni, Fabio Aristei, Sara Babusci, Giovanni Bastianini, Stefano Cacace, Cristina Capriotti, Giuseppe Carlesi, Maria Teresa Cartolari, Serena Cavina, Saro Chiarenza, Luigi Ciappa, Riccardo Crogi, Romano D'Alessio, Romeo Frisina, Gianni Garofalo, Franca Giannini, Agostino Goretti, Elena Guerra, Giuseppe Lo Cascio, Annalisa Montanari, Fabrizio Marincola, Eliana Mazzaro, C laudio Monteferri, Barbara Nappone, Anna Natili, Maurizio Nicoletta, Francesca Paneforte, Filomena Papa, Ilaria Pasqualini, Marco Piras, Juri Pittaluga, Roberto Pizzi, Raffaella Pucci, Mauro Rivelli, Gianpiero Sanfilippo, Fabio Santamaria, Angelo Schembri, Romano Scolaro, Maurilio Silvestri, Giampaolo Sorrentino, Vergilio Tidei, Fabiola Toni, Veronica Tretter, Ettore Valdieri, Matteo Valente, Gino Viani, Paola Zamparese, Romolo Zugarelli

UFFICIO DEL SOGGETTO ATTUATORE / OFFICE OF THE IMPLEMENTING ENTITY

Gian Michele Calvi (soggetto attuatore dal 31.10.2008)
Con / With:
Valter Frascaroli (coordinamento tecnico generale attività), Roberto Turino (coordinamento tecnico generale attività), Matteo Moratti (responsabile attività opere strutturali), Roberto Merlo (responsabile attività sicurezza), Roberto Pitolini (responsabile attività opere architettoniche), Michelangelo Aliverti (responsabile attività opere idrauliche), Martino Signorile (supporto tecnico attività opere strutturali), Pasqualino Chessa (coordinamento tecnico logistico), Donato Romano (responsabile attività impianti meccanici), Pierluigi Gotti (responsabile attività impianti elettrici), Andrea Moioli (supporto tecnico impianti meccanici), Salvatore Provenzano (supporto tecnico generale attività), Lidia Tomaro (supporto tecnico attività opere architettoniche), Giovanni Cardone (supporto tecnico attività opere architettoniche)

UNITÀ TECNICA DI MISSIONE già STRUTTURA DI MISSIONE / TECHNICAL MISSION UNIT originally MISSION UNIT

Dott. Ing. **Angelo Balducci** (soggetto attuatore),
Dott. Ing. **Fabio De Santis** (soggetto attuatore),
Dott. Ing. **Raniero Fabrizi** (coordinatore struttura di missione),
Dott. Ing. **Mauro Della Giovampaola** (coordinatore unità tecnica di missione)
Con / With:
Dott.ssa Maria Pia Forleo (capo ufficio affidamenti), Dott. Ing. Sebastiano Carta (coordinatore sicurezza in fase di esecuzione), Dott. Ing. Jacopo Benedetti (coordinatore sicurezza in fase di esecuzione), Dott. Arch. Ferdinando Marcocci (coordinatore sicurezza in fase di esecuzione), Dott. Arch. Caterina Pofi (coordinatore sicurezza in fase di esecuzione), Dott. Ing. Luigi Valerio Sant'Andrea (coordinatore sicurezza in fase di esecuzione), Dott. Ing. Carlo Guglielmi (responsabile unico del procedimento), Dott. Ing. Ferdinando Fonti (responsabile unico del procedimento), Dott. Ing. Susanna Gara (direttore dei lavori), Dott. Ing. Riccardo Micciché (direttore dei lavori), Dott. Ing. Luigi Minenza (direttore dei lavori), Dott. Ing. Fabio Balestrieri (supporto tecnico operativo), Dott. Arch. Nicola Busardò (supporto tecnico operativo), Dott. Ing. Luciano De Propris (supporto tecnico operativo), Dott. Francesco Piermarini (supporto tecnico operativo), Dott. Ing. Federico Valentini (supporto tecnico operativo), Dott. ssa Donatella Pingitore (responsabile laboratorio geologia), Dott. Arch. Francesca Bertozzi (supporto direzione lavori), Geom. Fabrizio Ciotti (supporto direzione lavori), Geom. Eligio Gioia (supporto direzione lavori)

Coordinamento alla progettazione per il cantiere dei lotti 4, 5 e 6 / Project coordination lots 4, 5 and 6:
Domenico Lombardo

LOTTO 4
CASA DEL MARE / HOUSE OF THE SEA
PADIGLIONE DEL MARE / SEA PAVILION
ARCATE DELL'ARSENALE / ARSENALE ARCADES

IMPRESA MANDATARIA / GENERAL CONTRACTOR
Anemone Costruzioni

PROGETTO ARCHITETTONICO / ARCHITECTURAL DESIGN:
Stefano Boeri Architetti
Stefano Boeri
Con / With:
Michele Brunello (Coordinamento Generale / Project Coordination), **Davor Popovic** (Responsabile Progetto Architettonico Casa del Mare e Padiglione del Mare / Project leader House of the Sea and Sea Pavillion), **Liverani / Molteni architets** (Responsabill Progetto Architettonico Arcate dell'Arsenale / Architect Responsible for the Catering Building), **Barbara Cadeddu** (Responsabile Progetto Interventi Extra Arsenale / Project leader for interventions outside the Arsenal), **Marco Brega** (Direttore Studio Stefano Boeri / Director Stefano Boeri Architetti)
e / and:
Javier Deferrari (Casa del Mare, Padiglione del Mare / House of the Sea, Sea Pavilion), **Andrea Grippo** (Masterplan e Sistemazioni Esterne, Padiglione del Mare / Master plan and external areas, Sea Pavilion)
con / with:
Andrea Barbierato (Padiglione del Mare / Sea Pavilion), **Daniele Barillari** (Casa del Mare, Padiglione del Mare / House of the Sea, Sea Pavilion), **Mario Bastianelli** (Casa del Mare / House of the Sea), **Maurizio Burragato** (Padiglione del Mare / Sea Pavilion), **Marco Dessì** (Masterplan e Sistemazioni Esterne), **Marco Giorgio** (Casa del Mare / House of the Sea), **Costantina Verzì** (Masterplan e Sistemazioni Esterne / Master plan and external areas)

hanno collaborato / with the contribution of:
Alessandro Agosti, Lorenza Baroncelli, Stefano Baseggio, Kristina Drapic, Moataz Faissal Farid, Stefano Onnis, Corrado Longa, Fabrizio Piras, Davide Rapp, Sebastian Russi, Walter Dejana
con la consulenza di / consultants:
Maddalena De Ferrari e Andrea Balestrero gruppo A12 (arredi e sistemazioni esterne / furnishing and outdoor areas), Emanuela Borio & Laura Gatti (Landscape Design), Favero & Milan (consulenza tecnica / technical consultants), Ferrara Palladino (illuminotecnica / lighting), Attu Studio (video), Stack Studios (visualizzazioni lotto 4 / visualization Area 4), ONEOFF e Sebastiano Conti Gallienti (plastici / models), Cesare Monti (Bodino Engineering)

PROGETTO STRUTTURALE / STRUCTURE:
ITALINGEGNERIA
Prof. Ing. **Tommaso Albanesi**, Ing. **Simone Senesi**
consulenti / consultants:
Prof. Ing. **Silvio Albanesi** (Generale / General Consultant)
Ing. **Luca Emiliani** (Padiglione del Mare / Sea Pavilion)
e / and:
Enrico Battistelli
Veronica del Grammastro
Massimo Guiducci
Mirko Malatesta
Giovanna Nardini
Mirco Piersimoni
Vito Praia
Paola Sanchioni
Daniele Santoni
Michele Stramigioli

PROGETTO IMPIANTISTICO / MEP ENGINEERING:
ENETEC S.R.L.
Ing. **Renato Tito**
con / with:
Giorgio Landolfi (Coordinamento Generale progetto e sistemazioni esterne / General Project and External Coordination);

Simone Schowick (supervisione progettazione impianti termici / Thermal systems project supervision)
Emanuele Marrocchi (progettazione impianti termici ed idrici e sistemazioni esterne / Thermal, hydric and external systems project supervision)
Adelio Pierella (progettazione impianti elettrici / Electrical systems project)
Ciro Boccarrato (progettazione impianti elettrici / Electrical systems project)
Claudio Carbonetti (progettazione impianti speciali /Special Systems Project)
e / and:
Roberto Amatucci, Alessandro Andolfi, Riccardo Comandè, Daniele Cartoni, Daniela Gatti, Gaetano Cugno

PARTNER E FORNITORI / PARTNERS AND SUPPLIERS:
B&B COSTRUZIONE Srl: opere di sistemazione esterne / exterior areas (Padiglione del Mare, Arcate dell'Arsenale / Sea Pavilion, Arsenale Arcades)
BERNINI: rivestimenti interni / interior finishes (Casa del Mare / House of the Sea)
BITUVER: impermeabilizzazione / waterproofing (Casa del Mare, Padiglione del Mare, Arcate dell'Arsenale / House of the Sea, Sea Pavilion, Arsenale Arcades)
BODINO ENGINEERING: facciata alveolare esterna / tempered glass alveolar façade (Casa del Mare / House of the Sea)
DAIKIN: impianti e centrali frigorifere / cooling systems (Casa del Mare, Padiglione del Mare / House of the Sea, Sea Pavilion)
DI LENOLA: strutture in acciaio / steel structure (Padiglione del Mare / Sea Pavilion)
DORMA: porte automatiche / automatic doors (Casa del Mare, Padiglione del Mare / House of the Sea, Sea Pavilion)
EDILIA: rivestimento in basalto / basalt cladding (Casa del Mare, Padiglione del Mare / House of the Sea, Sea Pavilion)
GMV: idraulica ascensore / hydraulic elevator (Casa del Mare / House of the Sea)
GVM - LA CIVILTA' DEL MARMO: pavimentazioni speciali / special pavements (Casa del Mare / House of the Sea)
IGUZZINI: illuminazione interni / interior lighting (Casa del Mare / House of the Sea)
IMPRESA ING. RAFFAELLO PELLEGRINI: arcate dell'Arsenale e platea di fondazione Padiglione del Mare / Arsenale Arcade and Sea Pavilion foundations
ISOVER: isolamenti / insulation systems (Casa del Mare, Padiglione del Mare, Arcate dell'Arsenale / House of the Sea, Sea Pavilion, Arsenale Arcades)
KASER: facciate continue e corpi lucernai / curtain wall and skylights (Padiglione del Mare / Sea Pavilion)
KNAUF: cartongessi - controsoffitti - pavimenti galleggianti / plasterboards, false ceilings, floating pavements (Casa del Mare, Padiglione del Mare, Arcate dell'Arsenale / House of the Sea, Sea Pavilion, Arsenale Arcades)
MBM: strutture in acciaio / steel structures (Casa del Mare / House of the Sea)
LIFT EUROPA: ascensore / elevator (Casa del Mare / House of the Sea)
PHILIPS: illuminazione / lighting system (Casa del Mare, Padiglione del Mare / House of the Sea, Sea Pavilion)
REFLEX: parete interna in vetro / interior glazed wall (Casa del Mare, Padiglione del Mare / House of the Sea, Sea Pavilion)
SAINT GOBAIN: forniture e vetri / supplies and glass (Casa del Mare / House of the Sea)
SIGISMONTI COSTRUZIONI: pavimentazione banchina / quay pavements
SIMAIT SERVICE: impianti meccanici e centrale termofrigorifera / mechanical systems and HVAC station (Casa del Mare, Padiglione del Mare / House of the Sea)
TELEYA: facciata strutturale vetrata / structural glazed façade (Casa del Mare / House of the Sea)
U.S. SELECTA: infissi interni / interior façade (Padiglione del Mare / Sea Pavilion)
WEBER: finiture esterne / exterior finishes (Padiglione del Mare, Arcate dell'Arsenale / House of the Sea, Arsenale Arcades)

LOTTO 5
RESIDENZA DELL'ARSENALE / ARSENALE RESIDENCE

IMPRESA MANDATARIA / GENERAL CONTRACTOR
Nuove Infrastrutture

PROGETTO ARCHITETTONICO / ARCHITECTURAL DESIGN:
Stefano Boeri Architetti
Stefano Boeri
Con / With:
Michele Brunello (Coordinamento Generale / Project Coordination),
2+1 Officina Architettura (Responsabile Progetto Architettonico Definitivo Residenza dell'Arsenale / Architect Responsible for the Arsenal Residence Definitive Project),
Vincenzo Vella (Responsabile Progetto Architettonico Esecutivo Residenza dell'Arsenale / Architect Responsible for the Arsenal Residence Executive Project),
Dovor Popovic (Consulenza / Consultant)
Barbara Cadeddu (Responsabile Progetto Interventi Extra Arsenale / Project leader for interventions outside the Arsenal),
Marco Brega (Direttore Studio Stefano Boeri / Director Stefano Boeri Architetti)
e / and:
Marco Dessì (Masterplan e Sistemazioni Esterne / Master plan and External areas),
Eugenio Feresin (Residenze dell'Arsenale / Arsenale Residence),
Andrea Grippo (Masterplan e Sistemazioni Esterne / Master plan and external areas),
Marco Tradori (Residenze dell'Arsenale / Arsenale Residence),
Costantina Verzì (Masterplan e Sistemazioni Esterne / Master plan and external areas)

hanno collaborato / with the contribution of:
Alessandro Agosti, Lorenza Baroncelli, Stefano Baseggio, Kristina Drapic, Moataz Faissal Farid, Stefano Onnis, Edoardo Boi, Alessandro Gioffrè, Inge Lengwenus, Piergiorgio Loi, Corrado Longa, Yari Marongiu, Fabrizio Piras, Davide Rapp, Sebastian Russi, Vittorio Secci
con la consulenza di / consultants:
Maddalena De Ferrari e Andrea Balestrero gruppo A12 (arredi e sistemazioni esterne / Furnishing and Outdoor areas), Emanuela Borio & Laura Gatti (Landscape Design), Favero & Milan (consulenza tecnica / Technical consultants), Ferrara Palladino (illuminotecnica / Lighting), Attu Studio (video), Studio Cast&llo e Gianni Dedola (visualizzazioni lotto 5 / Visualization Area 5), ONEOFF e Sebastiano Conti Gallienti (plastici / models), Antonio Marras con Stefania Beltrame (interior design hall and presidential suite hotel)

PROGETTO STRUTTURALE / STRUCTURES:
ITALINGEGNERIA
Prof. Ing. **Tommaso Albanesi**, Ing. **Simone Senesi**
con la consulenza di / consultants:
Prof. Ing. **Silvio Albanesi** (Generale / General Consultant)
Ing. **Luca Emiliani** (Padiglione del Mare / Sea Pavilion)
e / and:
Enrico Battistelli, Veronica del Grammastro, Massimo Guiducci, Mirko Malatesta, Giovanna Nardini, Mirco Piersimoni, Vito Praia, Paola Sanchioni, Daniele Santoni, Michele Stramigioli

PROGETTO IMPIANTISTICO / MEP ENGINEERING:
ENETEC S.R.L.
Ing. **Renato Tito**
Con / With:
Giorgio Landolfi (Coordinamento Generale progetto e sistemazioni esterne / General Project and External Coordination);
Simone Schowick (supervisione progettazione impianti termici / supervisione progettazione impianti termici / Thermal systems project supervision)
Emanuele Marrocchi (progettazione impianti termici ed idrici e sistemazioni esterne / Thermal, hydric and external systems project supervision)
Adelio Pierella (progettazione impianti elettrici / Electrical systems project)
Ciro Boccarrato (progettazione impianti elettrici / Electrical systems project)
Claudio Carbonetti (progettazione impianti speciali / Special Systems Project)

e / and:
Roberto Amatucci, Alessandro Andolfi, Riccardo Comandè, Daniele Cartoni, Daniela Gatti, Gaetano Cugno

PARTNER E FORNITORI / PARTNERS AND SUPPLIERS:
BERNINI: rivestimenti interni / interior finishes
BITUVER: impermeabilizzazione / waterproofing
DAIKIN: impianti / systems
DORMA: porte automatiche / automatic doors
EDILIA: rivestimento pavimentazioni / pavement coating
GRUPPO ALI: apparecchiature per la ristorazione / catering equipment
GYPROC: rivestimenti interni / interior finishes
ISOVER: isolamenti / insulation systems
KNAUF: cartongessi - controsoffitti - pavimenti galleggianti / plasterboards, false ceilings, floating pavements
PHILIPS: illuminazione / lighting system
SIGISMONTI COSTRUZIONI: pavimentazione banchina / quay pavements
TEUCO: vasche suites / suite bathtubs
WEBER: finiture esterne / exterior finishes

LOTTO 6
RIMESSAGGIO - EX OFFICINE / ARSENALE WORKSHOP AND DRY DOCKING

IMPRESA MANDATARIA / GENERAL CONTRACTOR
Imac
Ing. **Emiliano Curi** (Responsabile per l'impresa mandataria / General Contractor Responsible)

PROGETTO ARCHITETTONICO / ARCHITECTURAL DESIGN:
Gabriele Napolitano S&PA – Servizi e Progetti per l'Architettura srl
Con / With:
Stefano Matteucci (Coordinamento Generale / Project Coordination),
Ada Iadevaia (Coordinamento Generale / Project Coordination),
Daniela Dillon (Coordinamento Generale / Project Coordination),
David Antonuccio (Responsabile Progetto Architettonico Area Stampa e Servizi di Supporto / Architectural Project, Press Area and Support Services),
Carla Tinarelli (Masterplan e sistemazioni esterne, Master Plan and external areas)
e / and:
Francesco Tacconi, Lisa Schiavi, Marcella Novelli, Carlo Cianfoni, Andrea Giovinazzi, Cristina Schiavi, Diletta Landa, Giovanna Lanna, Claudia Tosti, Lidia Bordoni, Simona Gervasoni, Mauro Benedetti, Rosanna Capone
con la consulenza di / consultants:
Studio Kami Custo e Mantrici Architetti (rendering),
Marco Travaglini (plastici / models)

PROGETTO STRUTTURALE E PROGETTO IMPIANTISTICO / STRUCTURAL PROJECT AND MEP ENGINEERING:
Ing. **Marcello Carelli - V.Mosco & Associati Srl**
Con / With:
Ing. **Michela Vennari** (strutture / structure),
Ing. **Marco Barone** (strutture / structure),
Arch. **Edo Montanari** (interfaccia architettura, reti, impianti esterni / architectural interface, networks, external systems),
Geom. **Nazzareno Proietti** (computi, stime, capitolati / estimates, assessment, specifications),
P.I. **Mauro Regnicoli** (impianti meccanici e condizionamento / mechanical and AC systems),
Ing. **Luciano Natale** (impianti elettrici e speciali / Electrical and special systems project),
Ing. **Alberto Boccale** (impianti e reti idriche esterne / External system and water networks)

PARTNER E FORNITORI / PARTNERS AND SUPPLIERS:
MARAZZI: facciata ventilata / ventilated façade
PHILIPS: illuminazione / lighting system
SCHUCO: serramenti / frames

LOTTO 7
ADEGUAMENTO PORTUALITÀ E RICETTIVITÀ MARITTIMA / PORT RECONSTRUCTION AND NAUTICAL ACCESSIBILITY
Associazione Temporanea di Imprese / Temporary Association of Contractors

IMPRESA MANDATARIA / GENERAL CONTRACTOR
Impresa Pietro Cidonio S.p.A. (capogruppo / leader)
Grandi Lavori Fincosit S.p.A.
Teport S.p.A.

PROGETTAZIONE / PROJECT
Vams Ingegneria s.r.l. - Sint s.r.l.
Impresa Pietro Cidonio S.p.A. (Categoria OG7 Lavori Marittimi / OG7 Category Maritime Works)
Grandi Lavori Fincosit S.p.A.
Teport S.p.A. (categoria OG11 impianti / OG11 Category Systems)
Con / With:
Dott. Ing. **Osvaldo Mazzola** (amministratore unico impresa mandataria / general contractor administrator), Ing. **Matteo Canu** (project manager), Ing. **Marco Rinaldo** (direttore tecnico di cantiere / technical director construction site), Ing. **D. Adreani** (assistente direzione tecnica / technical director assistant), Ing. **M. Cairo** (assistente direzione tecnica / technical director assistant), Ing. **D. Calarco** (assistente direzione tecnica / technical director assistant), Geom. **A. La Barbera** (capocantiere / masterbuilder), Geom. **F. Luccarini** (capocantiere / masterbuilder), Geom. **G. Ranieri** (capocantiere / masterbuilder), Geom. **F. Garri** (assistente di cantiere / costruction site assistent), Geom. **A. Genovesi** (responsabile topografia / topography), Geom. **R. Ruffelli** (capogruppo staff sede / leader staff seat), Sig. **G. Celentano** (staff sede / staff seat)
e con / and with:
Ing. Giovanni Battista Cossu Ferrà (responsabile di commessa impianti tecnologici / technological system orders),
Per. Ind. Luca Olivato (responsabile di cantiere e della sicurezza impianti tecnologici / construction site and technological system security)

ALTRI INTERVENTI / OTHER WORKS

BONIFICHE / LAND RECLAMATION:
COVECOM
SERVIZI AMBIENTALI SARDI

DEMOLIZIONI / DEMOLITIONS:
DESPE

OPERE A VERDE / GREEN AREAS:
SGARAVATTI LAND

STUDIO PAESAGGISTICO E PROGETTO DEL VERDE / LANDSCAPE RESEARCH AND DESIGN:
Studio di Paesaggistica di Emanuela Borio & Laura Gatti
Con / With:
Simona Cossutta, Silvia Isacco e **Alessio Mori**

Consulenza Botanica / Botanical Consultant:
Bruno Cerabolini (Professore associato di Botanica Ambientale e Applicata, Unità di Ecologia Vegetale e Fitogeografia, DBSF - Università degli Studi dell'Insubria / Associate Professor of Environemental and Applied Botanics, Unit of Vegetal Ecology and Fitogeography, DBSF - Università degli Studi dell'Insubria)

STEFANO BOERI ARCHITETTI

ALESSANDRO AGOSTI
DANIELE BARILLARI
MARTINA BARCELLONI CORTE
LORENZA BARONCELLI
STEFANO BASEGGIO
MARIO BASTIANELLI
GIANNI BERTOLDI
STEFANO BOERI
MARCO BREGA
MICHELE BRUNELLO
BARBARA CADEDDU
ORNELLA CERESA
PIETRO CHIODI
JAVIER DEFERRARI
WALTER DEJANA
MARCO DESSÌ
KRISTINA DRAPIC
MOATAZ FAISSAL FARID
EUGENIO FERESIN
MARCO GIORGIO
ANDREA GRIPPO
FRANCISCA INSULZA
INGE LENGWENUS
CORRADO LONGA
STEFANO ONNIS
LAVINIA MODESTI
ANGELA PARROZZANI
MARIA CHIARA PASTORE
PIETRO PEZZANI
FABRIZIO PIRAS
DINO POLVERINO
DAVOR POPOVIĆ
CHIARA QUINZII
DAVIDE RAPP
SEBASTIAN RUSSI
MARCO TRADORI
COSTANTINA VERZÌ

RINGRAZIAMENTI / ACKNOWLEGEMENTS
Valerio Azzali, Carla Battaglia, Ninni Chessa,
Pierluigi Cianchetti, Luca Cittadini, Maurizio D'Amore,
Claudio De Biasio, Giovanna Gravina, Ester Mattiato,
Marina Perrot, Jacopo Vanini, Pierfranco Zanchetta
e / and
Corrado Casabuoni, Ernesto e Irene del "Bar Fiume",
Francesca e Giovanni di "Liò", Mauro de "L'Avventura",
lo staff del "Brigantino" e de "L'Olimpo"
e i Maddalenini tutti / and the people of La Maddalena

Hanno dato un rilevante contributo alla trasformazione dell'Arsenale / Relevant contribution for the transformation of the Arsenale was given by

per la Marina Militare / for the Italian Navy:
il Capo di Stato Maggiore Ammiraglio Paolo La Rosa,
il Comandante Militare Marittimo Autonomo della Sardegna
Ammiraglio Ermenegildo Ugazzi,
il Comandante la Scuola Sottufficiali di La Maddalena
Capitano di Vascello Gianluca Buccilli,
il Comandante della Capitaneria di Porto di La Maddalena
Capitano di Fregata Rodolfo Giovannini,
il Capitano di Fregata Massimo Sciutto,
il Tenente Colonnello Maurizio Bertelli,
il Maresciallo Roberto Cananzi
ed il personale del Reggimento San Marco

per la Direzione Regionale Beni Culturali e Paesaggistici della Sardegna / for the Sardinian direction for Cultural and Landscape heritage:
Il Direttore Arch. Elio Garzillo e la Dott.ssa Giulia Torri

per la Regione / for the Region:
l'Assessore Gabriele Asunis, la Dottoressa Franca Leuzzi,
l'Assessore Carlo Mannoni, il Geometra Pietro Nicola Unali

per la Provincia / for the District:
la Presidente Anna Pietrina Murrighile,
l'Assessore Pierfranco Zanchetta

per il Comune / for the Municipality:
gli Assessori Gian Vincenzo Belli, Nicola Gallinaro,
Vincenzo Satta, Enzo Viviani, Roberto Zanchetta,
la Giunta tutta e il dirigente Pasquale Russo

Per l'Ente Parco Nazionale dell'Arcipelago di La Maddalena / For the National Park of La Maddalena Archipelago :
il Presidente Giuseppe Bonanno, il Direttore Vincenzo Satta